资	地理信息科学创新应用型人才培养模式实验区项目
助	广州市教育科学规划项目
	广东省高等学校优秀青年教师培养计划项目
	广州大学地理信息科学校企协同育人实验班项目

基于 SuperMap 的 GIS 开发实验教程

JIYU SUPERMAP DE GIS KAIFA SHIYAN JIAOCHENG

赵冠伟　周　涛　谢鸿宇

杨木壮　钱乐祥　吴志峰

编著

中国地质大学出版社
ZHONGGUO DIZHI DAXUE CHUBANSHE

图书在版编目(CIP)数据

基于 SuperMap 的 GIS 开发实验教程/赵冠伟等编著. —武汉:中国地质大学出版社,2019.3

ISBN 978-7-5625-4526-2

Ⅰ.①基…

Ⅱ.①赵…

Ⅲ.①地理信息系统-软件开发-教材

Ⅳ.①P208

中国版本图书馆 CIP 数据核字(2019)第 059288 号

| 基于 SuperMap 的 GIS 开发实验教程 | 赵冠伟　周　涛　谢鸿宇　编著 |
| | 杨木壮　钱乐祥　吴志峰 |

| 责任编辑:舒立霞 | 组稿:张晓红 | 责任校对:周　旭 |

出版发行:中国地质大学出版社(武汉市洪山区鲁磨路388号)　邮编:430074
电　　话:(027)67883511　　传真:(027)67883580　　E-mail:cbb@cug.edu.cn
经　　销:全国新华书店　　　　　　　　　　　　　　　http://cugp.cug.edu.cn
开本:787 毫米×1 092 毫米　1/16　　　　　字数:295 千字　印张:11.5
版次:2019 年 3 月第 1 版　　　　　　　　　印次:2019 年 3 月第 1 次印刷
印刷:武汉市籍缘印刷厂
ISBN 978-7-5625-4526-2　　　　　　　　　　　　　　　　　定价:36.00 元

如有印装质量问题请与印刷厂联系调换

编者序

本书主要内容源于自 2008 年起编著成员们在广州大学地理科学学院一直从事的 GIS 应用与设计开发类课程教学工作。团队成员们在接近 10 年的 GIS 应用与开发教学实践活动中陆续合作编写了多个版本的实践教学讲义,经过反复修改,形成了本书的最终结构。

本书假设读者已经具备了一定的 C♯ 程序设计基础。众所周知,C♯ 是一门非常好用的编程语言,实用性极强。SuperMap Objects 则是国内知名 GIS 平台软件厂商——北京超图软件股份有限公司的代表性 GIS 组件式开发包。根据编者多年的教学实践体会,与 ArcGIS Engine 或 ArcObjects 等产品相比,SuperMap Objects 虽然在功能完善度方面存在一定差距,但在使用难度和学习曲线方面具有优势。因此,对于 GIS 二次开发的初学者来说,学习基于 SuperMap Objects 和 C♯ 的技术组合无疑是更加合适的。事实上,只要掌握了数据、运算、流程控制、过程调用、参数传递等程序设计基本功的训练,不同 GIS 开发包之间的接口差异是较为容易克服的。因为,GIS 二次开发毕竟只是调用现成接口的程序设计实践。

本书中使用的部分图片来自于网络,由于这些资源都是几经转载的,以至于无法查找原始出处,谨向这些资源的创作者致以敬意。

本书书稿的完成花费了近 2 年的时间,其间,各位作者对本书进行了反复修改和编撰,力求做到尽可能的准确。但限于水平和精力,书中难免有纰漏或不妥之处,恳请读者批评指正。

本书的出版得到了广东省高等学校本科教学质量工程项目"地理信息科学创新应用型人才培养模式实验区"、广州市教育科学规划项目(12A038)、广东省高等学校优秀青年教师培养计划项目(YQ2015127)和广州大学地理信息科学校企协同育人实验班等项目的资助。

编者

2018 年 10 月

目 录

第一章 绪言 ·· (1)
  一、编写背景及使用说明 ·· (1)
  二、GIS 开发背景知识 ··· (2)
  三、组件式 GIS 开发概述 ·· (3)

第二章 SuperMap Objects 二次开发基础知识 ························ (6)
  一、SuperMap Objects 开发平台介绍 ···································· (6)
  二、C♯语言基础简述 ··· (9)
  三、基于 SuperMap Objects 的 GIS 二次开发基础知识 ··········· (11)
  四、实验环境配置 ·· (18)
  五、实验设计说明 ·· (20)

第三章 快速入门练习 ··· (21)
  一、实验目的 ··· (21)
  二、实验内容 ··· (21)
  三、实验步骤 ··· (21)
  四、总结与思考 ··· (26)

第四章 空间数据管理（1）·· (28)
  一、实验目的 ··· (28)
  二、实验内容与知识点 ·· (29)
  三、实验步骤 ··· (31)
  四、总结与思考 ··· (40)

第五章 空间数据管理（2）·· (41)
  一、实验目的 ··· (41)
  二、实验内容与知识点 ·· (41)
  三、实验步骤 ··· (42)

四、总结与思考 ··· (50)

第六章　空间数据管理(3) ·· (51)
　　一、实验目的 ··· (51)
　　二、实验内容与知识点 ··· (51)
　　三、实验步骤 ··· (55)
　　四、总结与思考 ··· (68)

第七章　空间对象查询 ··· (70)
　　一、实验目的 ··· (70)
　　二、实验内容与知识点 ··· (70)
　　三、实验步骤 ··· (72)
　　四、思考与扩展练习 ··· (80)

第八章　空间对象编辑 ··· (81)
　　一、实验目的 ··· (81)
　　二、实验内容与知识点 ··· (81)
　　三、实验步骤 ··· (82)
　　四、思考与扩展练习 ··· (88)

第九章　跟踪层应用 ·· (90)
　　一、实验目的 ··· (90)
　　二、实验内容与知识点 ··· (90)
　　三、实验步骤 ··· (92)
　　四、思考与扩展练习 ··· (101)

第十章　空间分析(1) ··· (103)
　　一、实验目的 ··· (103)
　　二、实验内容与知识点 ··· (103)
　　三、实验步骤 ··· (105)
　　四、思考与扩展练习 ··· (113)

第十一章　空间分析(2) ··· (114)
　　一、实验目的 ··· (114)
　　二、实验内容与知识点 ··· (114)
　　三、实验步骤 ··· (118)

四、思考与扩展练习 …………………………………………………………………… (134)

第十二章 制图排版 ……………………………………………………………………… (135)

一、实验目的 ………………………………………………………………………… (135)

二、实验内容与知识点 ……………………………………………………………… (135)

三、实验步骤 ………………………………………………………………………… (138)

四、思考与扩展练习 ………………………………………………………………… (152)

第十三章 三维应用分析 ………………………………………………………………… (153)

一、实验目的 ………………………………………………………………………… (153)

二、实验内容与知识点 ……………………………………………………………… (153)

三、实验步骤 ………………………………………………………………………… (157)

四、思考与扩展练习 ………………………………………………………………… (172)

主要参考文献 …………………………………………………………………………… (173)

第一章 绪 言

一、编写背景及使用说明

本书旨在讲授利用 SuperMap Objects GIS 开发组件结合 Microsoft Visual C♯ 语言进行地理信息系统二次开发的知识与技能,因此主要针对具备一定 C♯ 语言基础和初次接触 SuperMap Objects 组件进行开发的读者。通过学习,读者不仅可以理解 SuperMap Objects 的主要功能、数据组织、存储体系、对象关系以及相应的基本概念与知识,而且能够掌握利用 SuperMap Objects 组件和接口进行 GIS 应用系统常用功能的二次开发技能。

针对 GIS 二次开发学习而言,上机编写程序是必不可少的实践环节。结合笔者在广州大学地理科学学院讲授"GIS 设计与开发"课程近 10 年的教学实践经验来看,为读者提供一本内容完备、难度适宜、素材丰富、指导性强的实验指导教材是充分激发出读者学习 GIS 编程兴趣的难点所在。为此,笔者对过往的教学素材进行了系统性的思考与梳理,编撰了该实验教程。全书一共设计了 10 个实验项目,内容涵盖了空间数据管理、编辑、分析与制图输出等 GIS 应用系统的常用功能,基本遵循 GIS 应用系统开发的学习路径,相信初学者通过所设实验项目的训练,能够较好地掌握基于 SuperMap Objects 的 GIS 二次开发技能。

使用说明:本书主要是为了配合地理信息系统二次开发课程的实验教学使用。由于笔者在院校购买的 SuperMap 硬件加密许可仅支持到 5.3 版本,因此书中设计的实验采用的软件环境为 SuperMap Objects 5.3 版本和微软 Visual Studio 2010。虽然所采用的软件版本与最新版本相比有一定滞后,但本书的重点在于使读者熟悉基于 SuperMap GIS 的二次开发流程与方法,对于软件版本升级带来的接口差异,相信各位读者完全可以做到举一反三、融会贯通。读者在使用本书时,建议按照先后顺序逐步完成所设计的实验内容。在编写程序代码时,本书对于应用程序界面设计的讲解较为简略,读者应根据书中的界面示范图自行设计,并参考示范代码完成相应功能,并将学习的重点放在功能代码的实现。值得一提的是,通常来说程序设计并不存在唯一解,因此本书中所给出的代码仅为一种实现方式而已,也并非最优解。

本书中所使用的专业词语约定如下。

(1)地理信息系统:英文全称 geography information system,缩写 GIS,定义为综合处理

和分析空间数据的一种技术系统,是在计算机软硬件系统支持下,对整个或部分地球表层空间中的有关地理分布数据进行采集、储存、管理、运算、分析、显示和描述的技术系统[1]。

(2)组件:英文全称 component,是指封装了一个或多个实体程序模块的实体。组件强调的是封装,利用接口进行交互[2]。最常见的组件就是我们已经写好的程序代码,任何一小段代码都可以是一个组件,可以和其他代码段连接起来组成更大的一段程序代码,或者不同的组件可以集成形成更大的组件。

(3)分布式计算:分布式计算是利用网络把成千上万台计算机连接起来,组成一台虚拟的超级计算机,完成单台计算机无法完成的超大规模的问题求解[3]。分布式计算和集中式计算是相对的,前者广义定义为研究如何把一个需要非常巨大的计算能力才能解决的问题分成许多小的部分,然后把这些部分分配给许多计算机进行处理,最后把这些计算结果综合起来得到最终的结果[4]。事实上,分布式计算项目已经被用于整合世界各地成千上万位志愿者的计算机的闲置计算能力,例如通过因特网分析来自外太空的电讯号,寻找隐蔽的黑洞等。

(4)C/S 模式:客户机/服务器模式。服务器通常采用高性能的 PC、工作站或小型机,并采用大型数据库系统,如 ORACLE、SYBASE、InfORMix 或 SQL Server[5]。客户端需要安装专用的客户端软件。

(5)B/S 模式:浏览器/服务器模式。B/S 模式是 WEB 兴起后的一种网络结构模式,WEB 浏览器是客户端最主要的应用软件。这种模式统一了客户端,将系统功能实现的核心部分集中到服务器上,简化了系统的开发、维护和使用[6-7]。客户机上只要安装一个浏览器,服务器安装 SQL Server、Oracle、MYSQL 等数据库。浏览器通过 Web Server 同数据库进行数据交互。典型的应用有百度地图和高德地图网页版等。

二、GIS 开发背景知识

从开发难度来划分,GIS 系统开发可以大致分为底层开发和二次开发。底层开发是指不利用商业或开源 GIS 软件包,运用计算机图形学、几何学、运筹学、空间数据库等理论和知识,从头来构建 GIS 系统。二次开发则是利用已有的商业或开源 GIS 软件包来构建 GIS 应用系统。显而易见的是,底层开发难度更大,二次开发则难度较低。然而从 GIS 应用市场的需求来看,二次开发是 GIS 开发的主流模式。

从应用模式来看,地理信息系统可以简单分为单机 GIS 和分布式 GIS 两类。分布式 GIS 又根据应用场景的不同,可以分为服务器/客户机模式、服务器/浏览器模式,即基于 C/S 模式的网络 GIS 和基于 B/S 模式的网络 GIS。毫无疑问,网络 GIS 是 GIS 发展的主流方向,尤其在进入到移动互联网时代以来,类似百度地图、高德地图等移动 GIS 应用的兴起,也对地理信息系统开发人员提出了新的要求。从 GIS 软件开发包的商业属性来看,可以分为商业软件和开源软件两类。商业软件主要包括 ESRI ARCGIS、MapGuide、SuperMap GIS、MapGIS 等国内外知名厂商的出品。目前，ESRI、SuperMap 和 MapGIS 等公司的产品占据了绝大部分的市场。此外，由于各公司每年都会举办全国高校 GIS 应用开发比赛，相信各位高校读者对这 3 家 GIS 软件平台主要提供商的产品应该比较熟悉，故在此不再扩展讲述。开源软件的种类较为丰富，具体包括 QGIS、Grass GIS、MapWin GIS、SharpMap、MapSerer、Geo Server、OpenLayer、Udig、PostGIS、OGR/GDAL 等。由于开源软件的数量较多，而且在许多项目中都互相交叉引用，故在此不一一列举。值得注意的是，虽然开源软件产品目前还处于一个发展和完善的阶段，但在许多系统设计场合中已经可以用来替代私有的商业 GIS 软件。采用开源软件来进行 GIS 系统开发，虽然在成本上通常会低于采用商业软件，但是开发资料、技术支持与软件更新维护等方面仍与商业软件存在一定差距。对于开源软件感兴趣的读者，可以登录世界知名的代码托管网站 https://github.com/查阅相关项目资料。此外，国内的开源中国社区也包含大量开源软件信息，网址为 https://www.oschina.net/。

三、组件式 GIS 开发概述

从发展历史来看，GIS 软件模式经历了功能模块、包式软件、核心式软件、组件式 GIS、WebGIS、移动 GIS 以及 GIS 云服务的过程。在组件式开发技术出现以前，传统 GIS 虽然在功能上已经比较成熟，但是由于存在系统结构封闭、不同系统之间交互性差、开发难度大、软件规模庞大臃肿等弊端，导致用户难以掌握，阻碍了 GIS 的普及和应用。组件式 GIS 的出现改变了传统集成式 GIS 平台的工作模式，更适合用户进行二次开发以及与 MIS、OA 等其他系统的有机集成，为解决传统 GIS 面临的多种问题提供了全新思路。

从定义来看，组件式 GIS 是指将复杂的 GIS 功能按照对象、功能、应用等层次分解为可以互操作和自我管理的组件，利用特定程序语言对组件进行开发并且能够在其他平台或语言中重复使用的系统。按照宋关福等学者的定义，组件式 GIS 就是采用了面向对象技术和组件式软件的 GIS 系统（包括基础平台和应用系统）[8]。从技术来源来看，组件式 GIS 可以分为 COM 组件和 CORBA 组件两种，前者由微软公司提供，后者由对象管理组织（OMG）组织开发。COM 的中文名称是公共对象模型（Common Object Model，简称 COM），微软公司官方称其为组件对象模型（Component Object Model）。COM 是对象连接与嵌入（Object Linking & Embedding，简称 OLE）和 ActiveX 技术共同的基础。针对分布式计算环境，微软还提供了 DCOM（Distributed COM）技术，实现 COM 对象与远程计算机上对象直接交互的能力。CORBA 是公共对象请求代理体系结构（Common Object Request Broker Architecture）的英文缩写，是 OMG 提出的一种分布式计算规范，为不同厂商使用不同程序语言、操作系统和硬件开发出来的应用系统，仍然具有可移植性和互操作性[9]。由于 COM 背后依托微软的市场支配地位，形成了事实上的标准，因此主流 GIS 厂商所推出的组件式 GIS 开发包多数是基于

COM 技术研发的。为此,本书也主要针对基于 COM 技术的组件式 GIS 进行讲解,以下简称为 ComGIS。

  COM 不是一种面向对象的语言,而是一种二进制标准,利用它可以建立不同软件模块之间的链接,模块之间通过"接口"机制来实现互相通信。COM 标准增加了保障系统和组件完整的安全机制,扩展到分布式环境的 DCOM 则支持分布式计算、交互操作和有限的移植。组件对象模型中主要通过 OLE 技术实现软件组件的即插即用和互操作,其中常用做法是使用 OCX 控件。根据微软公司软件开发指南 MSDN(Microsoft Developer Network)的定义,ActiveX 是 Microsoft 提出的一组使用 COM 技术使得软件部件在网络环境中进行交互的技术,它与具体的编程语言无关。作为针对 Internet 应用开发的技术,ActiveX 被广泛应用于 WEB 服务器以及客户端的各个方面。同时,ActiveX 技术也被用于方便地创建普通的桌面应用程序。ActiveX 通常是一组包括控件、动态链接库(DLL)和 ActiveX 文档的组件,常以动态链接库的形式存在,其设计思想是将一个程序(如 Flash 动画)嵌入到另一个程序中(这个程序通常被称作容器,如 Authorware、Delphi、VB、VC、Internet Explorer 等)。借助这种技术使得用户在一个程序中所创建的信息可以被集成到其他程序所产生的文档中,从而可以随意地应用到各种场合。

  ComGIS 的基本思想是把 GIS 的各功能模块划分为不同组件,每个组件完成不同的功能。打个形象化的比喻,组件就如同一堆不同式样的积木块,积木块各自实现不同的功能,程序员根据需求把各种积木块搭建起来,构成最终的应用系统。正如徐冠华所指出的那样,"GIS 软件像其他软件一样,已经或正在发生着革命性的变化,即由过去厂家提供了全部系统或者具有二次开发功能的软件,过渡到提供组件由用户自己再开发的方向上来"[10]。

  组件式 GIS 实现形式可以大致分为两种。一种形式是可以实现制图与一般 GIS 功能的 ActiveX 控件构成的 ComGIS。这些控件既可以通过属性、事件、方法等接口与应用程序进行交互,也可以在可视化开发环境中集成构成应用系统。这种方式是较为早期的做法,国内外具有代表性的有:ESRI 公司出品的 MapObjects、MapInfo 公司的 MapX 以及武汉吉奥公司研发的 GeoMap 等。另一种形式则是基于微软 COM 技术构建一系列 COM 组件集。用户可以利用这些组件开发各种 GIS 功能并据此构建 GIS 应用系统。国内外典型的产品有 ESRI 公司的 ArcObjects(简称 AO)、ArcEngine(简称 AE)、北京超图公司的 SuperMap Objects 等。以上两种开发实现形式的软件都具有地图显示、图层控制、数据查询、符号化、专题制图等基本功能。

  基于 ActiveX 控件的组件式 GIS 开发需要注意几个方面的问题:①代码优化和算法高效。尽管 COM 技术的二进制通信效率很高,但与独立运行程序比较,在运行速度上仍有差距,采用精心优化后的代码可以使得软件整体效率有较大提升。②数据结构紧凑、简练。在能够充分表达地理信息系统并能有效进行各种处理、分析的前提下,软件数据结构要尽可能紧凑。这样不仅可以加快数据存取速度,同时也为适应因特网传输需要。③数据引擎通用。

除了提供与各种 GIS 数据文件格式的数据转换程序以外，ComGIS 应被设计为可以直接访问多种数据格式，以便提高数据共享方面的能力。

在实际开发中，编程语言的选择，应根据具体的需要来定。一般来说，利用 VB、Delphi 等语言进行开发，效率较高，投入少，周期短，适合功能紧凑的中小型应用系统。采用 C++、C# 等语言开发的程序，功能强大，可扩展性好，执行效率高，但系统开销较大，更加适合开发功能齐备的大型应用系统。当然，在实际应用过程中也可以采用多种语言混合的方式。

第二章　SuperMap Objects 二次开发基础知识

一、SuperMap Objects 开发平台介绍

　　SuperMap Objects 是北京超图软件股份有限公司(以下简称超图公司)推出的一套以 COM/ActiveX 技术规范为基础的全组件式 GIS 开发平台,首次公开发布的时间是 2000 年,版本为 V2.0。随后又陆续推出了包括 SuperMap IS(WebGIS 软件开发平台)、SuperMap Deskpro(专业桌面 GIS 软件)、SuperMap Survey(专业数据采集软件)和 eSuperMap 等(嵌入式 GIS 开发平台)在内的产品,形成了相对完整的软件产品体系[11]。2007 年,SuperMap GIS 2008 系列产品发布,其中 SuperMap Objects 2008 的版本为 5.3 系列。SuperMap Objects 5.3 提供了一系列 GIS 组件,也提供了使用这些组件和接口的大量示范程序演示,用户可以在这些例子的基础上,任意添加自己开发的功能,也可以将各种控件重新组合,形成独具特色的 GIS 系统,使原来繁琐的程序设计变得轻松自如。

　　SuperMap Objects 由一系列的 ActiveX 组件构成,包括核心组件、空间分析组件、布局组件、三维组件、拓扑组件、图例组件、数据表格组件、工作空间管理组件、加密锁信息组件等多个可分拆的组件库[12—13]。组件库之间既有关联,又相对独立。其中核心组件库是基础的、必选的组件,其他组件库则根据实际应用进行自由选择。SuperMap Objects 组件构成如表 2-1 和图 2-1 所示。

表 2-1　SuperMap Objects 组件构成

组件库名称	组件库程序文件	功能说明
核心组件库	SuperMap.ocx	核心组件库包含两大控件:其一是地图控件 SuperMap,提供地理信息系统的基础的、核心的功能,用于显示地图、地图浏览、地图图层管理等;亦用于完成地图编辑以及其他与地图有关的操作。同一个工程中可以有多个 SuperMap 控件。其二是工作空间控件 SuperWorkspace,用于存放、管理空间及属性数据,存储地图、布局及系统资源库等
布局组件库	SuperLayout.ocx	提供地图排版的设计与输出功能,包括对地图、比例尺、图例、表格、方向标、文字、艺术文字以及点线面等各种几何对象的多种操作

续表 2-1

组件库名称	组件库程序文件	功能说明
空间分析组件库	SuperAnalyst.ocx	提供各种复杂和高级空间分析功能,包括对地理空间数据进行网络分析、追踪分析、动态分段,对栅格数据进行代数运算、统计分析、地表建模、内插计算、矢栅转换、地形表面分析等常用和专业的高级分析功能
三维组件库	Super3D.ocx	提供由等值线、点、三维点数据生成 TIN,由 TIN 生成等值线的功能和三维模型的显示、缩放以及对三维模型的分析处理功能(包括颜色渲染、旋转、飞越、淹没、三维的分割、填方挖方计算、通视性与可视范围分析等)
拓扑组件库	SuperTopo.ocx	不仅提供多种拓扑处理操作,包括弧段求交、去除冗余点、合并邻近点、去除重复线、合并假结点、去除短悬线、长悬线延伸等,可建立网络拓扑图层和拓扑多边形。拓扑库中还可以利用系统定义的多种拓扑规则对矢量数据进行预处理和拓扑检查,对局部空间对象进行拓扑处理等
图例组件库	SuperLegend.ocx	提供交互式图层控制、专题图的制作、图层风格以及可视范围的设置等功能,还另外提供了列表框(SuperLegendList)和组合列表框(SuperLegendCombobox)两种图层列表控件,使组件使用更加简化,方便二次开发集中于更高级的功能实现
属性表组件库	SuperGirdView.ocx	提供直接显示并编辑属性数据内容的功能,通常属性数据以记录集的方式提供,使用 SuperGridView 控件,可以以很快的速度将记录集中的所有数据显示出来,且可以直接修改
工作空间管理组件库	SuperWkspManager.ocx	工作空间中的数据源、数据集、地图、布局、三维场景、线型库、填充库和符号库等的可视化管理工具
加密锁信息组件库	SmxLockInfo.ocx	提供访问加密锁信息的功能,可获得加密锁中的用户名及单位信息,二次开发商可用该信息加密应用系统。目前该组件中,可以获取更详细的加密锁信息,包括许可数、当前的许可类型、产品模块信息、加密锁错误代码信息等

注:引自《SuperMap Objects 开发教程(中级篇)》。

SuperMap Objects 提供了 12 个 ActiveX 控件、200 多个 ActiveX 对象,共计有属性、方法、事件等接口3 300多个[13]。其中,控件是有图形窗口交互界面的 ActiveX 对象。SuperMap Objects 包括的控件如表 2-2 所示。

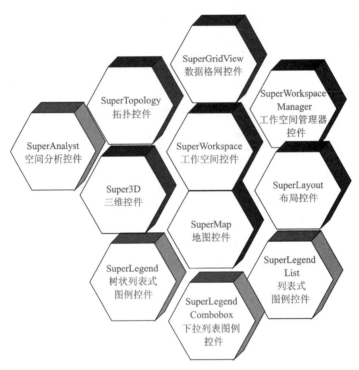

图 2-1　SuperMap Objects 组件构成图

表 2-2　SuperMap Objects 的控件列表

组件库名称	组件库程序文件	控件	说明
核心组件库	SuperMap.ocx	SuperWorkspace	工作空间控件
		SuperMap	地图控件
布局组件库	SuperLayout.ocx	SuperLayout	布局控件
空间分析组件库	SuperAnalyst.ocx	SuperAnalyst	空间分析控件
三维组件库	Super3D.ocx	Super3D	三维分析与可视化控件
拓扑组件库	SuperTopo.ocx	SuperTopo	拓扑处理控件
图例组件库	SuperLegend.ocx	SuperLegend	图例控件
		SuperLegendList	图例列表控件
		SuperLegendCombobox	图例组合列表框控件
属性表组件库	SuperGirdView.ocx	SuperGridView	属性数据格网显示控件
工作空间管理组件库	SuperWkspManager.ocx	SuperWkspManager	工作空间管理控件
加密锁信息组件库	SmxLockInfo.ocx	SmxLockInfo	加密锁信息控件

注：引自《SuperMap Objects 开发教程（中级篇）》。

此外，SuperMap Objects 还在核心组件中集成了空间数据库引擎 SDX＋，用于访问不同来源的地理空间及属性数据[14]。缺省情况下，核心组件提供 SDB、SDB+、DWG、DGN 4 个文件引擎，主要运用于实验环境中的小型应用系统。运用于实际生产环境中的大型应用系统一般选用基于数据库的空间数据引擎解决方案。

因此本书的目的之一是通过系列实验练习，循序渐进地引导读者加深对 SuperMap Objects 各个模块及其相互关系的理解，同时能够掌握利用各种组件开发 GIS 应用功能的技能。

二、C♯语言基础简述

由于本书假定面对的读者群体已具备一定的 C♯语言编程基础，因此对于 C♯语言的基础语法不作介绍，只针对实验中涉及的部分 C♯语言应用知识点进行简要说明。

(1)应用程序界面设计：本书主要使用.NET WinForm 组件进行应用程序界面设计，在界面设计时主要涉及了 MenuStrip、StatusStrip 和 ToolStrip 等菜单和工具栏控件，TabControl 和 GroupBox 等容器控件，Button、ComboBox、TextBox 等公共控件，Timer 等组件，打开文件对话框和保存文件对话框等对话框组件。.NET WinForm 应用程序界面的设计主要是遵循拖拽可视化空间到窗体、设置控件属性以及针对控件事件进行编程等 3 个步骤，属于较为基础的编程知识，因此在本书中不做详细说明。在实际工程中，也可以采用第三方控件(DevExpress、DotNet Bar 等)开发更加酷炫的应用程序界面。如有感兴趣的读者，请自行查阅学习第三方控件的使用知识。

(2)窗体或对象之间的数据共享：窗体或对象之间的数据共享通常可以分为 3 种：静态变量方式、属性方式以及通过构造函数传递变量。

(a)静态变量的定义方法是利用 public static 关键字修饰变量，然后在同一工程中就可以通过类名.静态变量名的方式来使用该变量。具体示范代码如下。

在 Form1 类中定义静态变量 selectedDSName：

```
public static string selectedDSName="";
```

在 FormCreateDst 中访问静态变量 selectedDSName：

```
Form1.selectedDSName=cboDatasource.SelectedItem.ToString();
```

(b)通过属性来共享数据的方法是利用 get、set 关键字修饰变量，然后在同一工程中就可以通过对象名.属性名的方式来访问该变量。具体示范代码如下。

在 Form1 中设置属性 GetLayout 以获取 SuperLayout1 的引用：

```
public AxSuperLayoutLib.AxSuperLayout GetLayout
{
    get { return this.SuperLayout1; }
}
```

FormDeleteLayout 中访问属性 GetLayout：

```
this.SuperLayout=mainfrm.GetLayout;
```

（c）通过构造函数来共享数据的方法是利用构造函数的参数传递要共享数据的变量引用，然后在其他类中获取该变量的引用，即可通过对象名.属性名的方式来访问该变量。具体示范代码如下。

"SQL查询"菜单项的处理代码中，利用构造函数传递SuperMap1的引用给SQL查询参数设置窗体：

```
private void menuSQLQuery_Click(object sender, EventArgs e)
{//通过构造函数传递SuperMap1的引用给sqlQueryForm
    FormSQLQuery sqlQueryForm= new FormSQLQuery(SuperMap1);
    DialogResult dr= sqlQueryForm.ShowDialog();//显示SQL查询窗体
    if (dr==DialogResult.OK)
    {
        //获取所要查询的图层对应的矢量数据集
        soDatasetVector objDtv=
(SuperMapLib.soDatasetVector)SuperMap1.Layers[queryLayer].Dataset;
        //执行查询操作，结果为记录集对象
        soRecordset objRd= objDtv.Query(queryText, true, null, "");
        soSelection objSelection= SuperMap1.selection;
        //将记录集转为选择集，即将满足查询条件的几何对象高亮显示在地图窗口中
        objSelection.FromRecordset(objRd);
        //刷新地图
        SuperMap1.Refresh();
    }
}
```

在SQL查询参数设置窗体中，利用构造函数获取SuperMap控件的引用并使用：

```
public partial class FormSQLQuery : Form
    {
    AxSuperMapLib.AxSuperMap mySuperMap;
    public FormSQLQuery(AxSuperMapLib.AxSuperMap superMap)
    {//利用构造函数传递SuperMap控件的引用
        InitializeComponent();
        mySuperMap= superMap;
    }
    private void btnQuery_Click(object sender, EventArgs e)
    {
        //确保要查找图层不能为空
```

```csharp
if (cboLayerName.SelectedItem.ToString()=="")
{
    MessageBox.Show("查找图层不能为空");
    return;
}
//确保查找信息不能为空
if (this.txtExpression.Text=="")
{
    MessageBox.Show("查找信息不能为空");
    return;
}
Form1.queryText=txtExpression.Text;//保存SQL查询条件到Form1类的静态变量
Form1.queryLayer=cboLayerName.Text;//保存查询目标图层名称到Form1类的静态变量
this.DialogResult=DialogResult.OK;
}
private void btnCancel_Click(object sender, EventArgs e)
{
    this.DialogResult=DialogResult.Cancel;
}
private void FormSQLQuery_Load(object sender, EventArgs e)
{//读取地图窗口的图层集合所对应的数据集名称并添加到下拉列表框的选项集合中
    cboLayerName.BeginUpdate();
    for (int i=1; i<=mySuperMap.Layers.Count; i++)
    {
        cboLayerName.Items.Add(mySuperMap.Layers[i].Name);
    }
    cboLayerName.EndUpdate();
}
```

在实验中，本书针对3种方式都进行了演示。但是，在实际应用场合中，推荐使用属性的方式来实现对象或窗体间的数据共享，以满足系统设计中"封装性"的原则。

三、基于SuperMap Objects的GIS二次开发基础知识

1. 基本概念

在进行二次开发之前，首先需要理解SuperMap GIS中所涉及的相关概念，包括工作空

间、数据源、数据集、图层、地图、布局和资源等。

工作空间是用户的工作环境，由工作空间控件（SuperWorkspace）创建，用于保存用户的工作环境和工作过程中操作和处理的所有数据，其中包括数据源、地图、三维场景、布局和系统资源库等内容。

数据源是存储空间数据的场所。SuperMap Objects 的数据源分为文件型数据源和数据库型数据源。顾名思义，文件型数据源是把属性和空间数据存储到文件；数据库型数据源则是存储到数据库中，通常以关系型为主。SuperMap Objects 支持多种文件格式和数据库。需要注意的是，工作空间存放的是数据源的相对路径和别名，两者可以对应不同的实际物理存储。一个工作空间中可以打开多个数据源，各个数据源之间通过不同的别名（Alias）进行标识。

数据集是空间数据的基本组织单位之一。一个数据源可以由多个不同类型的数据集组成。按照数据结构的不同，数据集可以分为矢量数据集（soDatasetVector）和栅格数据集（soDatasetRaster）两类。数据集的基本单位是记录，记录中包括属性字段和几何字段，每一条记录实际对应着一个几何对象。SuperMap Objects 提供了多种几何对象，包括点、线、面、文本几何对象以及复合几何对象等。记录集则是按照某种条件将数据集筛选得出的记录集合。在 SuperMap Objects 开发中经常需要针对记录集和几何对象进行编程。

图层是数据集的可视化定义，可以将其视为地图窗口中的透明薄膜。一般情况下一个图层对应着一个数据集。一个或者多个图层叠加在同一个地图窗口中形成地图。地图保存了各图层的名称、显示风格、可见范围、图层状态和图层顺序等信息。需要指出的是，地图是通过工作空间以文件或数据库的方式进行物理存储。因此，保存地图后，还需要保存工作空间，否则地图就没有真正保存到物理磁盘。

把一个或者多个地图放置在布局窗口中，并辅以其他制图要素如图名、图例、地图比例尺等，就形成布局。布局是数字化的空间数据与纸质图之间的关系映射，布局组件则是实现这种映射的工具。与地图类似，布局的保存也依赖于工作空间的保存。

资源（soResources）主要用来定义几何对象的显示风格，包括符号（soSymbolLib）、线型（soLineStyleLib）和填充（soFillstyleLib）。

综上所述，工作空间、数据源、数据集、图层、地图、布局和资源几个概念之间存在密切关联。数据源和工作空间可以对应于不同的物理存储。数据源存储于文件或数据库中，地图、布局和资源存储于工作空间中，工作空间存储于扩展名为 SMW 或 SXW 的文件中，或者存储在关系型数据库中。数据集是空间数据的基本组织单位，数据集的可视化表达是图层，而这种显示方式的保存是通过地图来实现的。具体关系如图 2-2 所示。

2. 对象结构体系

使用 SuperMap Objects 进行编程时，首先需要了解 SuperMap Objects 的基本结构以及

第二章 SuperMap Objects 二次开发基础知识

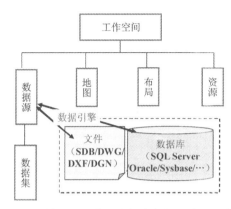

图 2-2 工作空间及其组成部分之间的关系示意图

其内部各组件对象之间的相互关系。对象结构简图的完整版可以参见 SuperMap Objects 联机帮助文档[14]。建议在学习开发之前，将对象结构简图打印成纸质版以便随时查阅。接下来，针对 SuperMap Objects 的主要对象结构进行简要说明。

1）工作空间控件

工作空间控件主要用于空间数据的组织和管理。工作空间（SuperWorkspace）包括数据源（soDatasource）、地图（soMaps）、布局（soLayouts）和资源（soResources）。资源包括符号库（soSymbolLib）、线型库（soLineStyleLib）和填充模式库（soFillStyleLib）。工作空间中可以同时打开或存储多个数据源（soDatasources），通过其别名或索引可以获得所需数据源 soDatasource。每个数据源中可以有多个数据集 soDatasets，通过其名称或者索引可获得所需数据集 soDataset。数据集按其数据结构可分两大类：栅格数据集（soDatasetRaster）、矢量数据集（soDatasetVector）。GIS 中用于分析的数据集多为矢量数据集类型。每一个矢量数据集都对应着相应的记录集（soRecordset）进行存储和管理。记录集中的每一条记录都对应相应的几何对象（soGeometry）及其属性（属性表字段信息 soFieldInfo，属性值 soFieldValue）。其对象结构简图如图 2-3 所示。

2）地图控件

SuperMap 控件提供了空间数据的显示、编辑、处理以及部分空间分析功能。SuperMap 控件首先提供了显示窗口句柄，可以显示空间数据。SuperMap 地图窗口中有图层（soLayers）、跟踪层（soTrackingLayer）和选择集（soSelection）3 个主要对象。图层是空间数据显示的场所。一个地图窗口中可以叠加显示多个图层（soLayers）。对于每一个图层对象（soLayer），其上显示的内容来源于空间数据集 soDataset。图层的显示风格可以通过制作各种专题图设置，各种专题图对象是以 soTheme 为首来命名的对象。跟踪层（soTrackingLayer）位于图层之上，是地图窗口中显示动态目标的场所。选择集（soSelection）实质上是地图窗口的某个图层中以选中状态显示的所有对象的集合。其对象结构简图如图 2-4 所示。

3）布局控件

在布局窗口（SuperLayout）中有很多制图要素（soLytElement），地图（soLytMap）是最重

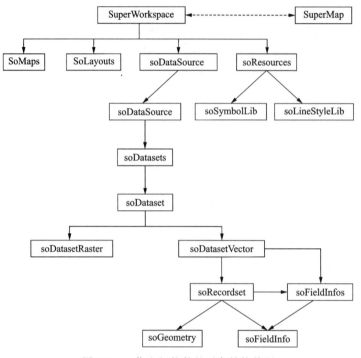

图 2-3 工作空间控件的对象结构简图

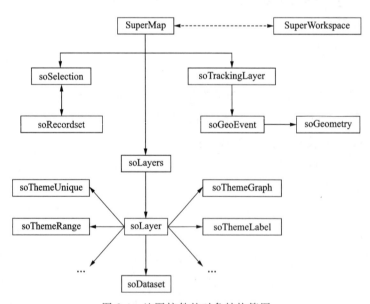

图 2-4 地图控件的对象结构简图

要的制图要素,与地图要素关系密切的还有比例尺(soLytScale)和图例(soLytLegend),此外,还有指北针(soLytDirection)、图名(soLytText)、表格(soLytTable)等制图要素。被选中的制图要素称为选择集(soLytSelection)。其对象结构简图如图 2-5 所示。

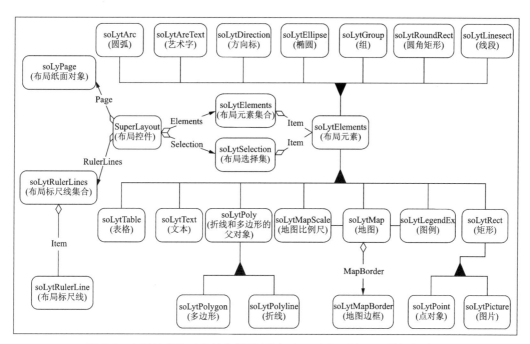

图 2-5　布局控件的对象结构简图（引自《SuperMap Objects 联机帮助》）

4）三维控件

三维控件提供由等值线、采样点、三维点数据生成 TIN（Triangular Irregular Network）、由 TIN 生成等值线的方法和三维模型的显示、放大、缩小以及对三维模型的分析处理功能，如颜色渲染、旋转、飞行、淹没、叠加影像作为贴图等。三维场景中存储了三维地图的一些设置，如光源、背景、雾参数设置、视点参数、环境光、三维图层的信息、风格以及场景中的线型、文字标注等信息。其对象结构简图如图 2-6 所示。

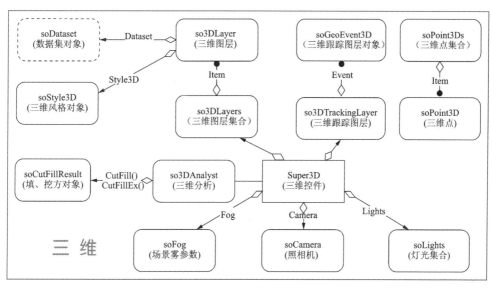

图 2-6　三维控件的对象结构简图（引自《SuperMap Objects 联机帮助》）

5）空间分析控件

空间控件主要包括网络分析、栅格分析和表面分析等 3 部分分析模块，提供了包括对地理空间数据进行网络分析、追踪分析、动态分段，对栅格数据进行代数运算、统计分析、地表建模、内插计算、矢栅转换、地形表面分析等常用和专业的高级分析功能。其对象结构简图如图 2-7 所示。

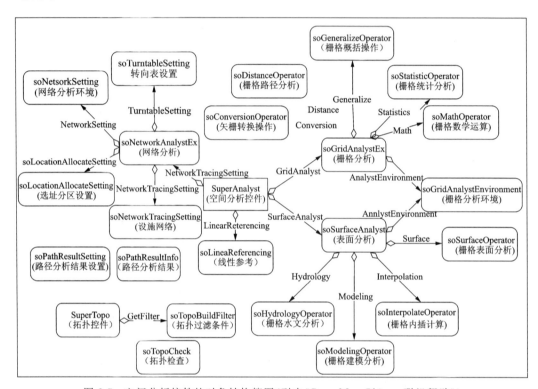

图 2-7 空间分析控件的对象结构简图（引自《SuperMap Objects 联机帮助》）

6）记录集对象

在 MIS（管理信息系统）概念里，记录（Record）是处理和存储信息的基本单位，记录的集合称为记录集（Recordset）。SuperMap 空间数据组织和存储方式的基本单位也是记录。每个空间几何对象对应一条记录，这条记录中既有属性字段（或称属性列），又有几何字段。一般地，记录集是数据集的全部或者部分记录的集合。记录集通常是把数据集中的记录按照某种条件筛选出来的，可以是对行的筛选，也可以是对列（字段）的筛选，或者二者结合起来。如果在记录集中添加、修改或删除某个记录，数据集中的数据将发生相应的变化。空间数据中的记录与 MIS 概念中记录有重要区别：空间数据的记录一般都有一个特殊的几何字段，用来存储几何对象的空间位置信息。同时，空间数据的记录还有一些字段是 GIS 软件平台必需的系统字段（SuperMap GIS 中是以"sm"开头的字段），这些字段除非特别申明，一般都不允许对它们进行修改。而 MIS 概念中的记录则没有这些特点。其对象结构简图如图 2-8 所示。

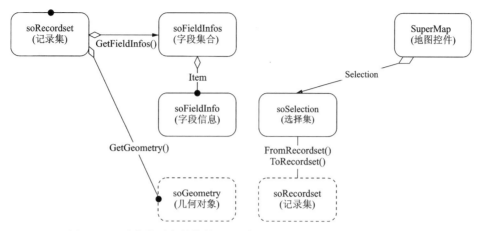

图 2-8　记录集的对象结构简图(引自《SuperMap Objects 联机帮助》)

7)几何对象

SuperMap Objects 提供了十余种几何对象,除常见的点、线、面、文本几何对象之外,还提供了复合几何对象和多种 CAD 中常用的参数化几何对象。参数化几何对象包括弧对象(soGeoArc)、B 样条曲线对象(soGeoBSpline)、C 样条曲线对象(soGeoCardinal)、圆对象(soGeoCircle)、曲线对象(soGeoCurve)、椭圆对象(soGeoEllipse)、斜椭圆对象(soGeoEllipseOblique)、椭圆弧对象(soGeoEllipticArc)等。复合几何对象则由多个相同或不同类型的子对象构成。复合几何对象和参数化几何对象都只能放在 SuperMap Objects 的复合数据集(CAD 数据集)里,通过类型转换可以把它们转成折线化的线或面对象,添加到 GIS 图层中进行各种分析。其对象结构简图如图 2-9 所示。

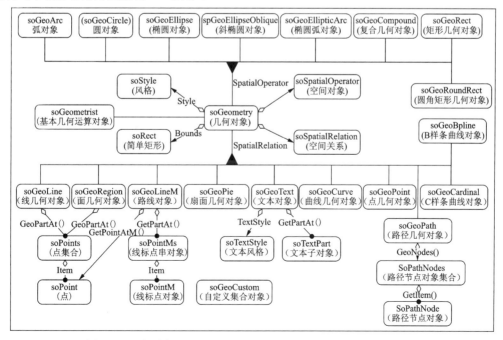

图 2-9　几何对象的结构简图(引自《SuperMap Objects 联机帮助》)

四、实验环境配置

硬件：个人电脑一台，建议 CPU 频率不低于 1.5GHz，磁盘容量不少于 200G，内存容量不少于 2G。

软件：本书撰写时，实验所用软件环境配置为 Microsoft Visual Studio 2010 中文旗舰版、SuperMap Objects 2008（版本号 5.3.10724）、SuperMap Deskpro 2008（版本号 5.3.0.8428）、Microsoft SQL Server 2005 开发版。撰写实验报告可以使用 Microsoft Office 系列软件或 WPS Office 等其他文字处理软件。SuperMap Objects 2008 和 SuperMap Deskpro 2008 软件在使用前还需要进行许可配置。许可配置有 4 种方式，包括本地单机加密锁、网络加密锁、许可文件和限时加密锁。由于笔者所在单位购买了北京超图公司的网络加密锁，故在本书中仅以 SuperMap Objects 2008 为例来对网络加密锁的配置方法进行说明，其余许可配置方式请参阅 SuperMap 联机帮助文档。当然，读者在自行学习时，可以在超图公司官网申请软件许可文件，通常试用期为 3 个月，按常理已足够学习使用。下面针对网络加密锁的配置流程进行说明。

配置网络加密锁首先需要在服务器端安装网络加密锁驱动程序，配置服务端服务，然后在客户端进行配置后才可以使用。

服务端的安装与配置：

(1)运行安装盘中的加密锁驱动安装程序 Sentinel Protection Installer.exe，安装网络许可服务程序。

(2)点击"下一步"，继续安装，以下的安装过程与通用 Windows 安装程序相同，包括接受协议，选择安装目录、安装类型等。

(3)完成驱动程序的安装后如系统提示重新启动计算机，请务必重启计算机。

(4)驱动程序安装完成后，即可把加密锁安插到计算机上，从而完成普通网络加密锁的安装。本书实验采用的 SafeNet 网络加密锁外观如图 2-10 所示。

图 2-10 SafeNet 网络加密锁外观

(5)完成网络加密锁服务端的安装后，打开 Windows 的服务管理工具："控制面板"→"管理工具"→"服务"，找到其中的项目"Sentinel Protection Server"，该服务即为网络锁的服务程序，一般来说，安装之后系统会自动启动服务，如果没有启动，请使用工具栏或者右键快捷菜单启动服务（图 2-11）。

图 2-11 网络加密锁服务程序

配置客户端步骤如下：

(1)运行"开始→程序→SuperMap→软件许可配置管理工具"，或者运行[系统盘]:\Program Files\Common Files\SuperMap 目录下的 SmLicManager.exe 程序，弹出如图 2-12 所示对话框。

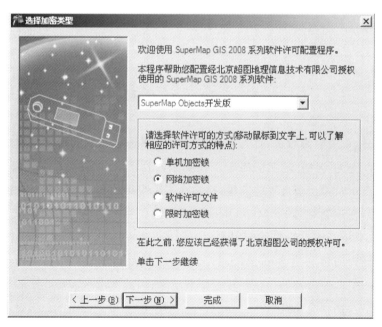

图 2-12 软件许可配置管理工具——加密类型

(2)选中"网络加密锁"后单击"下一步",进入下一个界面,用户可以配置各种参数,如图2-13所示。

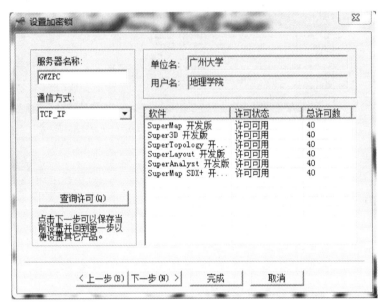

图2-13 软件许可配置管理工具——加密锁参数

服务器名称:插有网络加密锁的计算机名称或 IP 地址。
通信方式:缺省为使用 TCP/IP 协议进行通信。
上述信息必须与服务器端的配置信息相同。
(3)正确设置以上参数,点击"完成"按钮,完成网络加密的配置。
至此,经过上述环境配置过程后,本书所涉及的实验环境已经配置完毕。

五、实验设计说明

对于地理信息系统应用而言,首先需要进行的步骤是空间数据采集与建库,然后再进行空间数据的管理、查询、分析、输出与维护。在实验内容上,本书设计了基本涵盖空间数据管理、查询、操作、分析及输出全过程的实验内容,在实验安排的先后顺序上,首先设计一个快速入门的简单实验,使读者对 SuperMap Objects 开发建立一个直观的感性认识,然后依照空间数据显示、查询、分析及输出的常见应用流程逻辑顺序进行实验练习。由于在实际生产环境中,数据采集与建库通常利用 SuperMap Deskpro 等桌面 GIS 软件结合 Oracle、SQL Server等数据库软件来进行,所涉及的知识点较为繁杂庞多,因此本书在实验内容设计时,将空间数据管理分为3部分进行,分别针对文件型、数据库型数据源和工作空间以及数据集进行操作,在知识逻辑上遵循了先易后难、循序渐进的教学思路。

第三章 快速入门练习

一、实验目的

通过一个简单的应用程序编写,帮助读者了解如何使用 SuperMap Objects 控件开发应用程序。完成本实验后,读者能够具备对 SuperMap Objects 开发过程的初步认识,达到入门效果。

二、实验内容

(1)将 SuperMap Objects 控件添加到工程中,配置程序开发环境,设计应用程序界面。

(2)利用 SuperWorkspace 控件打开文件型数据源,将数据源中的数据集添加到地图窗口(SuperMap 控件)中显示,执行基本的地图浏览功能,包括放大、缩小、漫游等。

三、实验步骤

1. 数据准备

实验所用的空间数据为世界地图数据源,其中包括世界经纬网(Grid)、各国首都(Capital)和世界地图(World)等多个地图图层。该数据可以在 SuperMap Objects 的安装目录中找到。以笔者所用计算机操作系统 Windows 10 专业版为例,数据源所在路径为:

C:\Program Files (x86)\SuperMap\SuperMap Objects 2008\Sample Code Library\SampleData\Workspace_Map\,包括 World.sdd 和 World.sdb 两个文件。在本地磁盘上创建一个目录 D:\SMOStudy,将这两个数据文件拷贝到该目录中。

2. 应用程序界面设计

(1)创建工程:启动 Microsoft Visual Studio .NET 2010。在目录 D:\SMOStudy\下新建一个基于 Visual C#语言的 Windows 窗体应用程序,命名为 HelloSuperMap。创建工程的

运行界面如图 3-1 所示,在该窗体中设置好"名称""位置"和"解决方案名称"等参数后,点击"确定"后即可创建工程。

图 3-1　创建 Visual C♯.NET 工程窗口

创建成功后,则进入应用程序界面设计窗体,该窗体界面如图 3-2 所示。

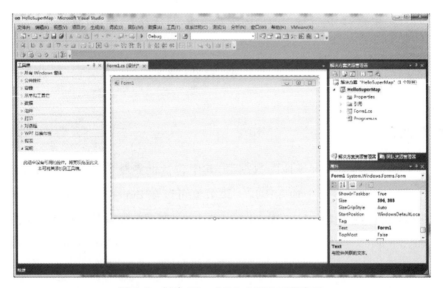

图 3-2　创建 Visual C♯.NET 工程窗口

(2)加载 SuperMap Objects 控件:添加 SuperMap Objects 控件到工具箱,在图 3-2 中左侧的"工具箱"区域上单击鼠标右键,点击"添加选项卡",键入"SuperMap"作为名称。在"SuperMap"选项卡的区域内单击鼠标右键,点击"选择项",出现如图 3-3 所示的对话框。

图 3-3 "选择工具箱项"窗体界面

选择 SuperMap Objects 包含的全部控件,共计 12 个,完成后在"工具箱"中"SuperMap"选项卡内增加各个控件对应的图标,界面如图 3-4 所示。

图 3-4 加载 SuperMap 控件后的工具箱面板

(3)程序界面设计:将窗体命名为 frmMain,标题命名为"SuperMap Objects 快速入门练习",将 SuperWorkSpace Control 添加到窗体中并命名为"SuperWorkspace1",将 SuperMap Control 添加到窗体中并命名为"SuperMap1",添加 5 个 Button 控件到窗体(控件的 Name 属性分别设置为 btnZoomIn、btnZoomOut、btnPan、btnZoomFree 和 btnViewEntire,Text 属性分别设置为放大、缩小、漫游、自由缩放和全幅显示),设计好的界面如图 3-5 所示。

图 3-5　窗体界面设计图

3. 程序功能实现

(1)在属性窗口中为窗体 frmMain 的 Load 事件添加事件处理过程,具体代码如下:

```
private void frmMain_Load(object sender, EventArgs e)
{
    SuperMap1.Connect(SuperWorkspace1.CtlHandle);//建立地图窗口与工作空间的联系,用于显示数据
    String strAlias; //数据源别名
    SuperMapLib.seEngineType nEngineType; //数据源引擎类型
    String strDataSourceName; //数据源所在路径
    SuperMapLib.soDataSource objDataSource; //数据源对象,指向打开的数据源
    bool bReadOnly; //数据源是否只读打开
    bool bAddToHead; //是否将数据集加到地图最上一层显示
    int i; //数据集索引
```

```
    strAlias="MyDataSource"; //别名可任意,但建议取数据源文件名相同的名称,便于区分
    nEngineType=SuperMapLib.seEngineType.sceSDBPlus; //可打开不同引擎的数据源,此处
打开文件型 SDBPlus
    strDataSourceName="D:\\SMOStudy\\World.sdb"; //数据源所在路径,也可以是相对路径
    bReadOnly=false; //非只读打开
    //打开数据源
    objDataSource= SuperWorkspace1.OpenDataSource(strDataSourceName, strAlias,
nEngineType, bReadOnly);
    if (objDataSource==null)
    {
        MessageBox.Show("请将数据源文件(world.sdb,world.sdd)下载到 D:\\SMOStudy\\
目录,再运行程序","打开数据源失败");
        return;
    }
    else
    {
        //把数据源中的所有图层加入到 SuperMap 中
        for (i=1; i<=objDataSource.Datasets.Count; i++)
        {
            bAddToHead=true;
            SuperMap1.Layers.AddDataset(objDataSource.Datasets[i], bAddToHead);
        }
        SuperMap1.Refresh(); //刷新地图窗口
        objDataSource=null;
    }
}
```

(2) 分别为 5 个 Button 控件的 Click 事件添加事件响应处理代码,具体如下:

```
private void btnZoomOut_Click(object sender, EventArgs e)
{
    SuperMap1.Action= SuperMapLib.seAction.scaZoomOut;
}
private void btnPan_Click(object sender, EventArgs e)
{
    SuperMap1.Action= SuperMapLib.seAction.scaPan;
}
```

```
private void btnZoomFree_Click(object sender, EventArgs e)
{
    SuperMap1.Action= SuperMapLib.seAction.scaZoomFree;
}
private void btnViewEntire_Click(object sender, EventArgs e)
{
    SuperMap1.ViewEntire();
}
```

(3)运行结果:启动调试,程序运行加载地图后的结果如图3-6所示。可以通过5个按钮对地图进行基本浏览操作。至此,快速入门实验练习已经完成。

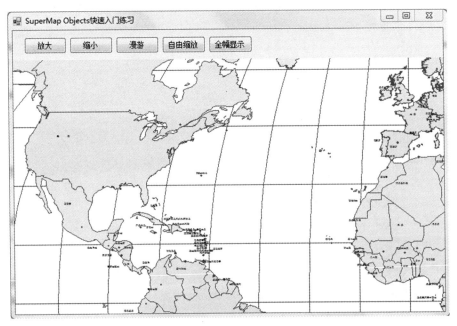

图 3-6　程序运行界面图

四、总结与思考

(1)在使用 SuperMap 控件显示地图数据之前,应首先通过调用 Connect()方法建立起 SuperMap 控件与 SuperWorkspace 控件之间的连接。

(2)显示地图的实质是将数据源中的数据集以特定样式在地图窗口中显示,而数据源则是保存在工作空间中。因此,快速入门实验代码在编写时遵循了以下思路:首先利用 SuperWorkspace1 控件打开数据源,然后再将数据源中的数据集添加到 SuperMap1 的图层集合(SuperMap1.Layers)中,最后刷新地图控件则可显示更新后的地图内容(调用 SuperMap1.Refresh()方法)。

通过本实验的演练，相信读者已对基于 SuperMap Objects 的二次开发有了初步的感性认识，也应该体验到了 SuperMap Objects 开发上手的便捷和友好特性。万事开头难，笔者相信有了好的开端之后，会更加有利于读者进行后续的实验内容学习。为保证实验体系的完整性，从第四章开始所有实验内容都在同一个应用系统工程中展开，力争在完成所有实验内容后形成一个功能基本齐备的小型 GIS 系统。在接下来的章节中，我们首先来学习如何使用 SuperMap Objects API 实现空间数据的管理。

第四章　空间数据管理(1)

在开始实验内容之前,有必要再来回顾一下相关的理论知识。在 SuperMap Objects 的空间数据组织中,工作空间是个十分重要的概念,工作空间是用户在同一个工程中(或者是一个事务)工作环境的集合,包括数据源的信息(位置、别名和打开方式)、地图(包括专题图)、布局(一个或者多个)、资源(线型库、符号库、填充模式库)。将组织良好的工作空间保存为工作空间文件,在下一次工作时就能很快恢复当时的工作环境,最大限度地利用已有的工作成果,提高工作效率。SuperMap Objects 中实现工作空间管理的控件是 SuperWorkspace 控件。该控件的主要功能是管理数据,包括工作空间文件的创建、打开、保存、关闭,数据源文件的创建、打开、修复和压缩,数据集的创建以及数据库的管理等。实际上它相当于一个数据仓库,SuperMap Objects 的其他控件所需的数据都要从 SuperWorkspace 控件中获取,同时 SuperWorkSpace 控件还负责为 SuperMap 控件的正常工作做一些必要的辅助处理,例如装入已有的线型库文件(*.lsl)、符号库文件(*.sym)、填充模式库文件(*.bru),装载/卸载字体文件等。

在 SuperMap Objects 中,用户第一次初始化 SuperWorkspace 控件时,控件会自动创建一个空的工作空间,该工作空间不存在数据源、地图和布局,只有系统默认的资源;当用户关闭一个工作空间时,系统也会自动创建另一个空的工作空间。对于系统默认创建的工作空间,用户不需要做特别的初始化工作即可使用。因此不需要手工去创建工作空间,只需要把所做的工作保存为工作空间文件(使用 SuperWorkspace.Save、SuperWorkspace.SaveAs 方法)、关闭工作空间(使用 SuperWorkspace.Close 方法)或下次再打开这个工作空间文件(使用 SuperWorkspace.Open 方法),当然,用户可以创建新的工作空间(使用 SuperWorkspace.Create 方法)。下面的实验内容将分别针对这些方法的使用进行说明。

一、实验目的

空间数据管理实验分为 3 部分进行,目的是帮助读者了解如何使用 SuperMap Objects 控件完成空间数据的显示与基本管理操作。通过实验训练,读者能够理解工作空间、数据源、地图等核心对象各自的作用及其之间的相互关系,掌握利用 SuperMap Objects API 编程实现打开工作空间,显示地图,管理数据源及数据集等功能。本章内容是第一部分实验内容,主要完成文件型工作空间的打开、另存与关闭以及地图基本浏览等功能。

二、实验内容与知识点

1. 实验内容

(1)设计应用程序界面。

(2)利用 SuperWorkspace、SuperWorkspaceManager 等控件实现文件型工作空间的打开、关闭与保存等功能。

(3)利用 SuperWorkspace、SuperWorkspaceManager、SuperMap 及 SuperLegend 等控件实现地图的打开、关闭、保存等功能以及放大、缩小、漫游、全幅、图层控制等基本的地图浏览功能。

2. 知识点

(1)在 SuperMap Objects 中实现工作空间的管理主要是通过 SuperWorkspace 对象来操作。打开已有的工作空间需要调用的接口是 Open。需要注意的是,在调用时,工作空间文件的名称参数需要通过打开文件对话框来进行指定。该方法的使用语法如下:Boolean SuperWorkspace.Open(strWorkspaceName As String,[strPassword As String]),具体参数说明如表 4-1 所示。

表 4-1 Open 方法的参数说明

参数	可选	类型	描述
$strWorkspaceName$	必选	String	工作空间文件名称(*.smw 或者 *.sxw),可以为相对路径;若其保存在数据库中,则为相应的数据库连接格式,格式详见《SuperMap Objects 联机帮助》
$[strPassword]$	可选	String	密码字符串,文件型和数据库型工作空间所使用的密码字符串格式不同,详见《SuperMap Objects 联机帮助》

在使用完工作空间后要及时关闭,使用的方法是 Close,该方法没有参数。在关闭 SuperWorkspace 控件之前,一定要先关闭所有使用 SuperWorkspace 控件中数据的 SuperMap、Super3D 等控件,并断开这些控件与 SuperWorkspace 控件的连接,最后关闭工作空间。Close 方法的使用较为简单,在此不做说明。

工作空间可以保存到本地(二进制或者 XML 格式,分别对应的文件扩展名为 .smw 和 .sxw),也可保存到数据库,目前支持 MS SQL SERVER 和 ORACLE。工作空间中保存有数据源的连接关系、地图的组织关系、布局、三维场景以及符号库资源等信息,保存组织良好的工作空间可以极大提高实际应用的效率。保存工作空间所涉及的方法有两个,分别是 Save 和 SaveAs。前者保存已有的工作空间,不改变原有的文件名,成功则返回 True。后者将工作空间保存或另存为指定的名称。Save 方法的使用较为简单,在此不做说明。SavaAs 方法的使用语法如下:Boolean SuperWorkspace.SaveAs(*strWorkspaceName* As String, *bFailIfExists* As Boolean,[*bXmlFormat* As VARIANT],[*Strpassword* As VARIANT]),具体参数说明如表 4-2 所示。

表 4-2 SaveAs 方法的参数说明

参数	可选	类型	描述
strWorkspaceName	必选	String	工作空间文件名称(*.smw 或者 *.sxw),可以为相对路径;若要保存到数据库中,则为相应的数据库连接格式,格式详见《SuperMap Objects 联机帮助》
bFailIfExists	必选	Boolean	若指定名称与已有工作空间重名,是否允许覆盖原文件。True 表示不允许覆盖原有文件,且会保存失败,请更名重新保存;False 表示允许覆盖原有文件,且保存成功
[*bXmlFormat*]	可选	VARIANT	是否保存成 *.sxw 的格式,若该值为 False,表示将保持原先的 *.smw 或数据库格式,若为 True,则表示将原先 *.smw 或数据库工作空间的格式转为 *.sxw 格式。默认为 False
[*Strpassword*]	可选	VARIANT	密码字符串,文件型和数据库型密码字符串格式不同,详见《SuperMap Objects 联机帮助》

(2)在 SuperMap Objects 中实现地图的管理是通过 SuperMap 对象来操作。其中,OpenMap 方法用来打开已有的地图,打开地图时必须有已经保存的地图对象,否则,打开失败。地图对象可以通过 SuperMap.SaveMap 保存。其使用语法为:Boolean SuperMap.OpenMap(*strMapName* As String),具体参数说明如表 4-3 所示。

表 4-3 OpenMap 方法的参数说明

参数	可选	类型	描述
strMapName	必选	String	工作空间中地图(Map)的名称

SaveMap 和 SaveMapAs 方法都可以用来保存地图,前者实现保存当前地图,后者将地图保存或另存为指定的名称。成功保存后,工作空间(SuperWorkspace)中的 soMaps 集合中会增加一个地图对象。当保存过的地图被修改后,可用 Save 方法进行保存。若当前地图是第一次保存,可调用 SuperMap.SaveMapAs 方法指定地图名称来保存。另外,保存地图之后,还需要保存工作空间。SaveMapAs 方法的使用语法为:Boolean SuperMap.SaveMapAs(*strMapName* As String,[*bOverWrite* As VARIANT]),具体参数说明如表 4-4 所示。

第四章 空间数据管理(1)

表 4-4 SaveMapAs 方法的参数说明

参数	可选	类型	描述
strMapName	必选	String	地图的名称
[*bOverWrite*]	可选	VARIANT	是否覆盖同名地图。默认为 False。此时,地图保存失败,只有重新指定了唯一的地图名后才可保存成功

Close 方法用来关闭地图窗口。关闭 SuperMap 地图窗口之前,可先将 SuperMap 的全部图层(Layer)移除。一般常用以下代码来实现:"SuperMap.Layers.RemoveAll()",删除 SuperMap 中的所有图层。然后用"SuperMap.Close()"关闭控件。

三、实验步骤

1. 数据准备

在进行快速入门实验练习时,我们已经准备好了一份文件型的世界地图数据源(World.sdd 和 World.sdb)。在实际应用时,通常不会直接针对数据源进行操作,而是会将应用所涉及的数据保存在工作空间中以便管理。为此,我们首先将数据源保存到工作空间文件中。具体步骤如下:

(1)利用 SuperMap Deskpro 软件打开 World 文件型数据源,操作界面如图 4-1 所示。

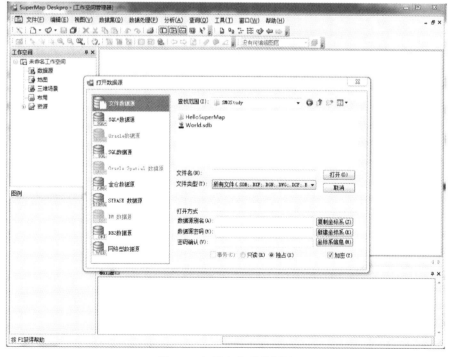

图 4-1 打开文件型数据源

(2)在"工作空间"面板中"地图"节点上点击鼠标右键,在弹出式菜单中通过"新建地图窗口"菜单项,将 World 数据源中的 4 个数据集全部添加进来,操作界面如图 4-2 所示。

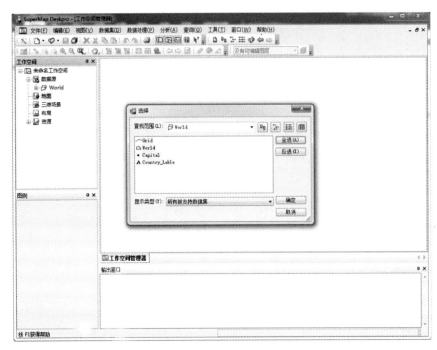

图 4-2 新建地图窗口

(3)添加数据集到地图窗口后,执行"保存地图"操作,操作界面如图 4-3 所示。地图保存

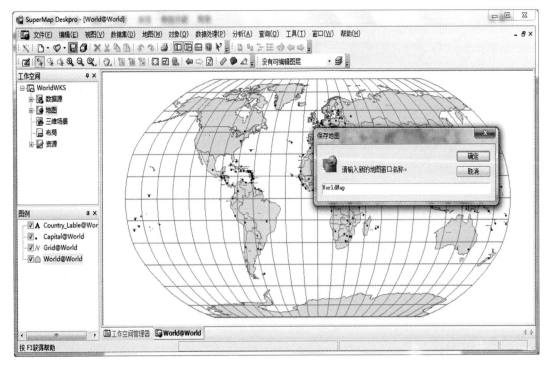

图 4-3 保存地图

成功后,在"工作空间"面板中"地图"节点下会出现新建的地图名称。最后,执行"保存工作空间"菜单项,这样所做的更改才会真正保存到物理磁盘中。保存工作空间的操作界面如图 4-4 所示。

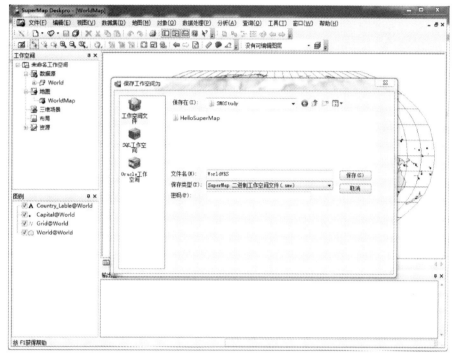

图 4-4　保存工作空间

2. 应用程序界面设计

启动 Microsoft Visual Studio . NET 2010。在目录 D:\SMOStudy\下新建一个基于 Visual C♯语言的 Windows 窗体应用程序,命名为 MyProject。创建工程的步骤与快速入门练习类似,在此不再赘述。参照 SuperMap Deskpro 的界面,设计应用程序主界面,步骤简要说明如下。

(1)利用 MenuStrip、ToolStrip、StatusStrip、SplitContainer 等 Winform 控件设计主窗体 (Form1),增加 OpenFileDialog、SaveFileDialog 控件各 1 个,界面如图 4-5 所示。

(2)分别为菜单栏、工具栏添加项,设计界面如图 4-6 所示。

(3)添加工作空间管理器、图例、地图、工作空间等控件到主窗体中相应面板位置,设置好控件属性,完成后的主窗体界面如图 4-7 所示。

3. 打开、保存与关闭工作空间等功能实现

(1)在使用 SuperWorkspace 等控件之前,必须先建立控件之间的关联。为主窗体的 Load 事件添加事件响应处理方法 InitSMOControls(),该方法主要是利用 Connect()方法建立起地图、工作空间、工作空间管理器以及图例控件之间的连接。具体代码如下:

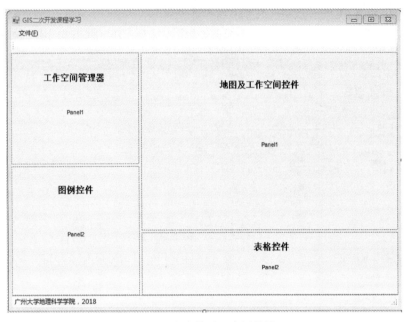

图 4-5 主窗体界面布局设计

图 4-6 菜单栏、工具栏设计界面

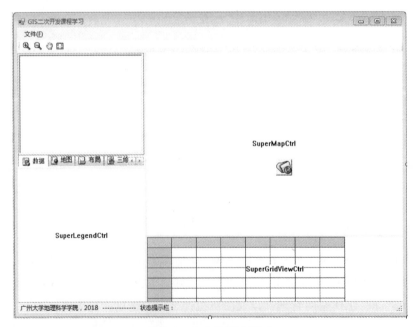

图 4-7 主窗体设计界面

第四章 空间数据管理(1)

```
private void Form1_Load(object sender, EventArgs e)
{
    InitSMOControls();
}
private void InitSMOControls()
{
    SuperWkspManager1.Connect(SuperWorkspace1.CtlHandle);//连接工作空间管理器和工
作空间控件
    SuperMap1.Connect(SuperWorkspace1.CtlHandle);//连接地图控件和工作空间控件
    SuperLegend1.Connect(SuperMap1.CtlHandle);//连接地图控件和图例控件
}
```

(2)回顾之前的学习内容,我们知道 SuperWorkspace 控件主要完成数据的组织、管理、处理,包括打开、关闭、新建、保存工作空间文件(*.smw),新建、打开数据源文件(*.sdb),修复、压缩数据源文件,字体文件的载入、卸载等功能。通过查阅 SuperMap Objects 联机帮助文档可以发现,调用 SuperWorkspace 控件的 Open()、SaveAs()、Close()等方法即可实现工作空间的打开、另存与关闭操作。为此,给打开工作空间、另存工作空间和关闭工作空间等 3 个菜单项的 Click 事件分别添加事件响应处理代码,并增加 3 个方法:OpenWorkspace()、SaveAsWorkspace()和 CloseWorkspace()。3 个菜单项功能的具体实现分别如下。

打开工作空间:主要思路是利用打开文件对话框组件选择存储在硬盘上的工作空间文件,然后利用 SuperWorkspace 控件的 Open()实现打开工作空间操作。完整代码如下。

```
private void menuOpenWksFile_Click(object sender, EventArgs e)
{
//打开工作空间菜单项事件响应过程
openFileDialog1.Filter="SMW 文件(*.smw)|*.smw|所有文件(*.*)|*.*";
DialogResult dr=openFileDialog1.ShowDialog();
if (dr==DialogResult.OK)
{
bool openResult=OpenWorkspace(openFileDialog1.FileName,"");
if (openResult==true)//工作空间打开成功则刷新工作空间管理器控件
{
    statusLabel.Text=openFileDialog1.FileName+"工作空间打开成功";
    SuperWkspManager1.Refresh();
}
else
{//工作空间打开失败则在状态栏进行提示
    statusLabel.Text=openFileDialog1.FileName+"工作空间打开失败";
}
```

```
}
}
public bool OpenWorkspace(string strWorkspaceName,string strPass)
{
bool result=false;
if (SuperWorkspace1.Open(strWorkspaceName,strPass))
    result=true;
else
    result=false;
return result;
}
```

另存工作空间:主要思路是利用保存文件对话框组件选择在硬盘上存储的工作空间文件位置后,利用 SuperWorkspace 控件的 SaveAs()方法实现另存为操作。完整代码如下。

```
private void menuSaveAsWksFile_Click(object sender, EventArgs e)
{
//另存工作空间菜单项事件响应过程
saveFileDialog1.Filter="SMW 文件(*.smw)|*.smw|所有文件(*.*)|*.*";
DialogResult dr=saveFileDialog1.ShowDialog();
if (dr==DialogResult.OK)
{
bool saveAsResult=SaveAsWorkspace(saveFileDialog1.FileName, true, false, "");
if (saveAsResult==true)//工作空间另存成功则在状态栏进行提示
{
    statusLabel.Text=saveFileDialog1.FileName+ "工作空间另存成功";
}
else
{//工作空间另存失败则在状态栏进行提示
    statusLabel.Text=saveFileDialog1.FileName+ "工作空间另存失败";
}
}
}
public bool SaveAsWorkspace(string strWksName, bool bfailIfExists, bool bxmlformat,string strPass)
{
bool result=false;
if (SuperWorkspace1.SaveAs(strWksName,bfailIfExists,bxmlformat,strPass))
```

第四章 空间数据管理(1)

```
    result= true;
else
    result= false;
return result;
}
```

关闭工作空间:调用 SuperWorkspace 控件的 Close()方法即可实现关闭工作空间操作,但是在此之前需要先断开所有使用 SuperWorkspace 中所保存数据的控件。完整代码如下。

```
private void menuCloseWks_Click(object sender, EventArgs e)
{
//关闭工作空间菜单项事件响应过程
CloseWorkspace();
}
public void CloseWorkspace()
{//关闭 SuperMap 地图窗口之前,先将 SuperMap 的全部图层(Layer)移除
if (SuperMap1.Layers.Count ! = 0)
    SuperMap1.Layers.RemoveAll();
SuperMap1.Refresh();
SuperMap1.Close();//关闭地图窗口
SuperMap1.Disconnect();//断开地图窗口与工作空间的连接
SuperLegend1.Disconnect();//断开地图窗口与图例的连接
SuperWkspManager1.Disconnect();//断开工作空间管理器与工作空间的连接
SuperWorkspace1.Close();//关闭工作空间
statusLabel.Text= "工作空间已关闭";
}
```

(3)地图显示及浏览:回顾第三章中快速入门练习的内容,我们知道,显示地图的实质是将图层以不同的顺序叠加在地图窗口,配以指定的样式即可呈现出地图效果。在本次实验中,与快速入门实验做法有所不同的地方在于我们已经事先编辑并保存好了地图对象。因此,通过查找联机帮助文档可以发现,SuperMap 控件提供了 OpenMap()方法用来打开工作空间中已存在的地图,并将其显示在地图窗口中。为此,地图显示功能的主要实现思路如下:在工作空间管理器中鼠标双击地图名称时,将其显示在地图窗口中。针对 SuperWorkspace-Manager 的 LDbClick 事件编程,具体代码如下。

```
private void SuperWkspManager1_LDbClick(object sender,
AxSuperWkspManagerLib._DSuperWkspManagerEvents_LDbClickEvent e)
{
    switch (e.nFlag)
    {
```

```
        case SuperMapLib.seSelectedItemFlag.scsMap:
            string mapName= e.strSelected;
            if (SuperMap1.OpenMap(mapName))
                SuperMap1.Refresh();
            else
                statusLabel.Text= "地图打开失败";
            break;
        default:
            break;
    }
}
```

地图显示成功后，则可以进行地图缩放等基本浏览操作。这部分内容较为简单，参考快速入门练习实验中内容，通过设置 SuperMap 的 Action 属性即可完成。具体代码如下。

```
private void toolZoomIn_Click(object sender, EventArgs e)
{
SuperMap1.Action= SuperMapLib.seAction.scaZoomIn;
}
private void toolZoomOut_Click(object sender, EventArgs e)
{
SuperMap1.Action= SuperMapLib.seAction.scaZoomOut;
}
private void toolPan_Click(object sender, EventArgs e)
{
SuperMap1.Action= SuperMapLib.seAction.scaPan;
}
private void toolViewEntire_Click(object sender, EventArgs e)
{
SuperMap1.ViewEntire();
}
```

4. 调试运行程序

启动调试、运行程序，测试实验所实现的打开与保存 SQL 工作空间等功能。限于篇幅，在此仅以测试打开工作空间文件功能为例进行简要说明，其余功能的测试流程在此不做详细说明。具体操作流程如下。

第一步，运行菜单项"打开工作空间"，利用 OpenFileDialog 选择要打开的工作空间文件（图 4-8）。

第二步，当工作空间打开成功后，在工作空间管理器中切换到"地图"面板，管理器会显示

第四章 空间数据管理(1)

图 4-8　打开工作空间菜单项运行界面

该工作空间中所保存的地图,利用鼠标双击选择要加载的地图,即可显示该地图的内容(图 4-9)。

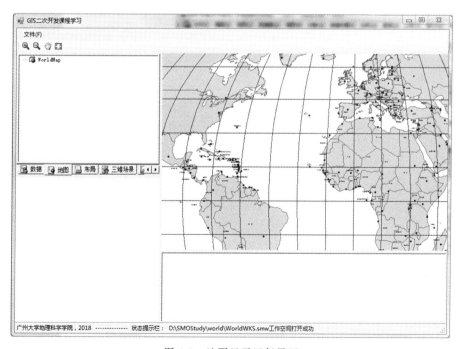

图 4-9　地图显示运行界面

四、总结与思考

（1）在使用 SuperWorkspace 等控件之前，必须先进行初始化工作，本例中即建立控件之间的关联，可以考虑将初始化工作代码整合为一个独立的方法以便调用。

（2）针对工作空间的管理，核心是调用 SuperWorkspace 控件的 Open（）、SaveAs（）和 Close（）方法，在编写代码时按照方法说明构造其所需要的参数，然后调用即可。在打开工作空间成功后，需要及时刷新工作空间管理器以便显示工作空间中的内容。需要特别注意的是，在使用完工作空间后要及时关闭，关闭 SuperWorkspace 控件之前，要将程序中所有正在使用工作空间中数据的窗口关闭。以下是关闭工作空间的步骤：第一，使用完记录集应及时关闭；第二，关闭 SuperMap 控件之前，应先把 SuperMap 的全部 Layer（图层）删除；第三，关闭 SuperWorkspace 控件之前，一定要先关闭所有使用 SuperWorkspace 控件中数据的 SuperMap、Super3D 等控件，并断开这些控件与 SuperWorkspace 控件的连接。最后还要移除工作空间中所有的数据源。在关闭工作空间时，通过 SuperWorkspace 的 Modified 属性可以确定工作空间的状态，从而决定是否在关闭工作空间以前保存工作空间。在编写代码时针对 SuperWorkspaceManager 的 LDbClick 事件编程就可以通过对工作空间管理器的操作实现打开地图、添加图层到地图窗口等 GIS 应用功能。

第五章　空间数据管理(2)

一、实验目的

本实验是空间数据管理实验的第二部分。主要目的是通过本次实验,使得读者能够进一步理解工作空间、数据源、地图等核心对象各自的作用及其之间的相互关系,掌握利用SuperMap Objects API 编程实现打开、保存 SQL 数据库型工作空间等功能。

二、实验内容与知识点

1. 实验内容

(1)将文件型数据源保存到 SQL 数据库,设计应用程序界面。
(2)利用 SuperWorkspace、SuperWorkspaceManager 等控件实现 SQL 数据库型工作空间的打开、关闭与保存等功能。

2. 知识点

本章所涉及的知识点与第四章基本相同,主要是利用 SuperWorkspace 对象的 Open、Close、Save 和 SaveAs 等方法来实现打开、关闭、保存和另存工作空间等操作。存在的区别主要在于访问文件型和数据库型工作空间的参数格式有所不同。以 Open 方法为例,如果是文件型的工作空间,此方法的参数 strWorkspaceName 包含工作空间的路径,而不仅仅只是工作空间的名称,可以为相对路径名。针对 sxw 文件型工作空间,打开时不需要使用密码,strPassword 参数为任意字符串都可以直接打开。该版本的 SuperWorkspace 控件仅支持两种数据库的工作空间:SQLSERVER(引擎类型为 sceSQLPlus)和 ORACLE(引擎类型为 sceOraclePlus)。数据库版本工作空间前提是数据库必须存在。数据库版本的工作空间打开和保存参数的方法如下:

```
SQL SERVER:
strWorkspaceName = " Provider = SQLOLEDB; Driver = SQL Server; SERVER = server;
Database=test;Caption=WksName;"
```

```
    strPassword= "UID= SA;PWD= SA"
    ORACLE:
    strWorkspaceName= "Provider=MSDAORA;Driver=Oracle ODBC Driver;SERVER= SUPER-
MAP;Database= SUPERMAP;Caption= WkspName;"
 strPassword= "UID= SA;PWD= SA"
```

在以上的工作空间名字符串中,SERVER 为数据库服务器名称,Database 为数据库名称,Caption 为已保存的工作空间的名称。

三、实验步骤

1. 数据准备

在实际生产环境中,通常采用数据库来管理所需的空间数据。为此,首先将文件型数据源中的空间数据集保存到 SQL Server 数据库工作空间。具体操作步骤如下。

(1)利用 SuperMap Deskpro 软件,在工作空间面板中"数据源"节点上点击鼠标右键,新建一个"SQL+数据源"。操作界面如图 5-1 所示,数据源类型选择"SQL+数据源",分别设置好各项数据源参数后点击"保存"按钮即可,成功后会在"工作空间"面板中显示新建数据源的名称,同时也可以在 SQL Server Management Studio 中查看新建的数据源。

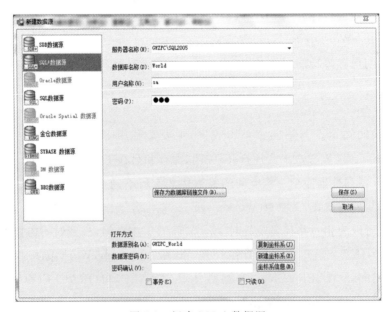

图 5-1　新建 SQL+数据源

(2)将"文件型数据源"中的数据集复制到"SQL+型数据源"中。

通过"数据集"菜单中的"复制数据集"菜单项,将文件型数据源中的数据集复制到 SQL+数据源中,操作界面如图 5-2 所示。复制操作成功后,在"工作空间"面板中 SQL+数据源节

第五章 空间数据管理(2)

点下会显示复制得到的数据集。

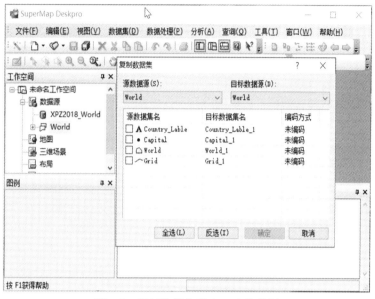

图 5-2 复制数据集到 SQL+数据源

(3)新建地图,添加 SQL+数据源中保存的所有数据集到地图窗口,保存地图,并将所有更改保存到 SQL 工作空间。

在"地图"节点通过鼠标右键选择"新建地图窗口"菜单项,将 SQL+数据源中所保存的数据集全部添加到地图窗口中,保存地图,最后保存工作空间。具体操作界面如图 5-3、图 5-4 和图 5-5 所示。

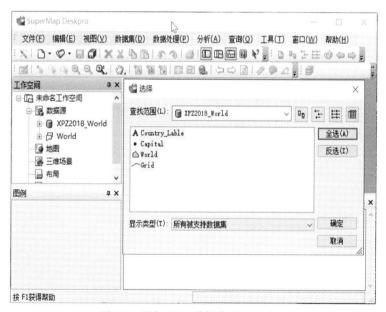

图 5-3 添加 SQL 数据集到地图窗口

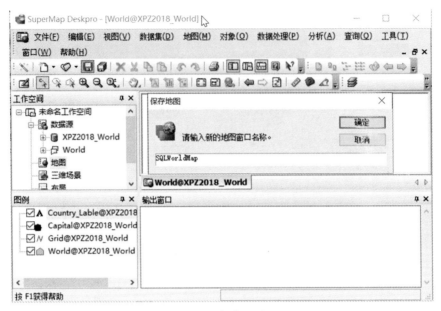

图 5-4 保存地图

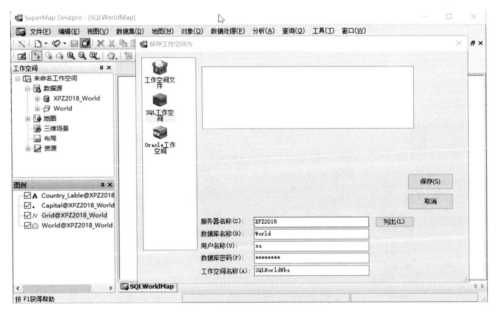

图 5-5 保存 SQL 工作空间

2. 应用程序界面设计

启动 Microsoft Visual Studio . NET 2010，打开之前第四章实验所创建的 MyProject 解决方案，设计应用程序主界面，步骤简要说明如下。

(1)在菜单栏中"文件"菜单下添加两个菜单项"文件型数据源"和"SQL 型数据源"，分别为这两个菜单项添加子菜单"新建"和"打开"，具体设计界面如图 5-6 所示。

第五章 空间数据管理(2)

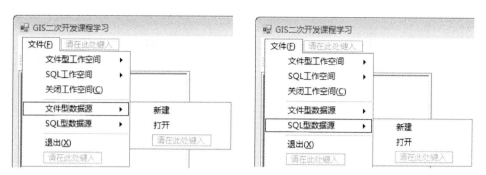

图 5-6 数据源菜单项设计

(2)在工程中添加 2 个新窗体,第 1 个窗体名称为 FormSQLWks,该窗体主要用来进行新建与打开 SQL 型工作空间的参数设置,包括 5 个 Label 控件、5 个 TextBox 控件、4 个 Button 控件以及 1 个 listbox 控件,其中"保存工作空间"和"打开工作空间"Button 控件的 modifiers 属性设置为 Public。第 2 个窗体名称为 FormSQLDS,该窗体主要用来进行新建与打开 SQL 型数据源的参数设置,包括 5 个 Label 控件、5 个 TextBox 控件和 3 个 Button 控件。上述两个窗体的具体设计界面如图 5-7 和图 5-8 所示。

图 5-7 SQL 型工作空间窗体设计界面

3. 打开与保存 SQL 型工作空间的功能实现

回顾第四章的实验内容,我们知道调用 SuperWorkspace 控件的 Open()、SaveAs()等方法即可实现工作空间的打开与另存为操作。针对 SQL 数据库型工作空间而言,与文件型工作空间操作的差别主要在于 Open()、SaveAs()等方法所需的参数存在不同。为此,给 SQL 工作空间菜单下的打开、另存等两个子菜单项的 Click 事件分别添加事件响应处理代码,具体

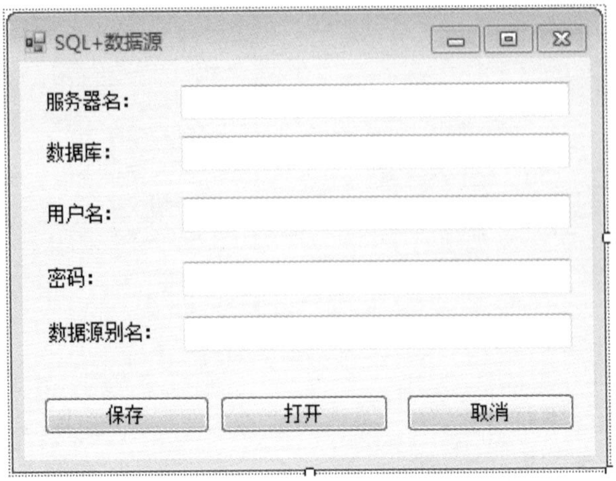

图 5-8　SQL 型数据源窗体设计界面

实现分别如下。

(1)打开 SQL 型工作空间。首先,以模态对话框的方式显示 FormSQLWKS 窗体。然后根据该窗体的返回值 dr(DialogResult 枚举类型)决定是否执行后续的打开工作空间操作代码。设置窗体返回值功能主要是在"打开工作空间"和"取消"两个按钮控件的 Click 事件中进行编码。如果 dr 的值为 DialogResult.OK,则利用 FormSQLWKS 窗体中文本框所输入的 SQL 工作空间的各项参数来构造 SuperWorkspace 控件的 Open()所需的工作空间名称和密码串参数。最后,执行 OpenWorkspace(),根据方法的返回值进行应用程序界面的更新与信息提示。

设置 FormSQLWKS 窗体返回值功能的代码如下。

```csharp
private void btnOpenWks_Click(object sender, EventArgs e)
{
    this.DialogResult= DialogResult.OK;
}

private void btnCancel_Click(object sender, EventArgs e)
{
    this.DialogResult= DialogResult.Cancel;
}
```

"SQL 工作空间-打开"菜单项的 Click 事件处理代码如下。

```csharp
private void menuOpenSQLWks_Click(object sender, EventArgs e)
{
    //(1)显示打开 SQL 工作空间的参数设置窗体
    string strWorkspaceName= "";
    string strPassword= "";
    FormSQLWKS sqlForm= new FormSQLWKS();
```

```
sqlForm.btnSaveWks.Enabled=false;
DialogResult dr=sqlForm.ShowDialog();
//(2)调用Open方法,打开保存在SQL Server数据库中的工作空间
if (dr==DialogResult.OK)
{
//获取工作空间名称参数
strWorkspaceName="Provider=SQLOLEDB;Driver=SQL Server;SERVER="+sqlForm.txt-
Server.Text+";Database="+sqlForm.txtDatabase.Text+";Caption="+sqlForm.txtWk-
sName.Text+";";
//获取访问所存储的数据库服务器的账户与密码
strPassword=" UID = " + sqlForm. txtUser. Text +"; PWD = " + sqlForm. txtPassword.
Text+"";
bool openResult=OpenWorkspace(strWorkspaceName, strPassword);
if (openResult==true)//工作空间打开成功则刷新工作空间管理器控件
{
statusLabel.Text=sqlForm.txtWksName.Text+"工作空间打开成功";
SuperWkspManager1.Refresh();
}
else
{//工作空间打开失败则在状态栏进行提示
statusLabel.Text=sqlForm.txtWksName.Text+"工作空间打开失败";
}
}
}
```

(2)列出工作空间名称。参考 SuperMap Deskpro 软件的交互界面,当输入工作空间所保存的 SQL Server 服务器等参数信息之后,如果事先不知道工作空间的别名或者有多个工作空间可供选择时,则可以通过点击"列出工作空间"按钮,将保存在数据库服务器中的工作空间列表显示在窗体上以供选择。要实现此功能需要读取数据库中的 SmWorkSpace 表格信息。通过查看 SmWorkSpace 的表结构可知,我们需要利用 ADO.NET 类库来编程读取该表的 SmWorkspaceName 字段信息即可。数据库操作的基础知识我们在此不再赘述,接下来直接讲解实现思路。首先利用 SqlConnection 建立数据源的连接,然后创建 SqlCommand 对象,接着设置 SqlCommand 对象的命令文本和数据源连接等参数,最后执行命令并将返回的数据库操作结果显示在 listbox 控件中。具体实现代码如下。

```
private SqlConnection GetConnection()
{
SqlConnection myConn= new SqlConnection();//新建数据库连接对象
//设置连接字符串
```

```
myConn.ConnectionString= "Data Source= "+ txtServer.Text.Trim()+"; Initial Catalog= "+ txtDatabase.Text.Trim()+";User ID= "+ txtUser.Text.Trim()+"; Password= "+ txtPassword.Text.Trim()+"";
myConn.Open();//打开数据库连接
return myConn; //返回数据库连接
}
private void btnListWks_Click(object sender, EventArgs e)
{//列出数据库中所保存的工作空间名称
//1.打开数据库连接
SqlConnection objConn= GetConnection();
//2.执行SQL语句并返回查询结果,在此采用ExecuteScalar()方法实现
string strSQL= "select SmWorkspaceName from dbo.SmWorkspace";
//3.创建Command对象
SqlCommand myCommand= new SqlCommand(strSQL, objConn);
//4.执行Command,返回数据库操作结果
SqlDataReader dr= myCommand.ExecuteReader();
listbox1.Items.Clear();
while (dr.Read())//5.将查询到的工作空间名称显示在listbox控件中
{
string Result= dr.GetString(0);
listbox1.Items.Add(Result);
}
}
private void listbox1_SelectedIndexChanged(object sender, EventArgs e)
{//将所选择的工作空间名称复制到文本框中
txtWksName.Text= listbox1.SelectedItem.ToString();
}
```

(3)保存工作空间。事实上,本功能的实现思路与打开SQL型工作空间的功能非常类似,首先参照前文针对"打开工作空间"按钮的鼠标单击事件处理方式,针对"保存工作空间"按钮的Click事件进行编码,设置窗体返回值为DialogResult.OK,然后在FormSQLWks窗体中设置要保存在SQL Server数据库中的工作空间参数,最后利用SuperWorkspace控件的SaveAs()方法实现保存工作空间操作。

"保存工作空间"按钮的Click事件响应代码:

```
private void btnSaveWks_Click(object sender, EventArgs e)
{
this.DialogResult= DialogResult.OK;
}
```

"SQL 工作空间-另存"菜单项的 Click 事件响应代码：

```csharp
private void menuSaveAsSQLWks_Click(object sender, EventArgs e)
{//(1)显示另存 SQL 工作空间的参数设置窗体
string strWorkspaceName="";
string strPassword="";
FormSQLWKS sqlForm= new FormSQLWKS();
sqlForm.btnOpenWks.Enabled= false;
DialogResult dr= sqlForm.ShowDialog();
//(2)调用 SaveAs 方法,将工作空间保存在 SQL Server 数据库中
if (dr==DialogResult.OK)
{
//获取工作空间名称参数
strWorkspaceName= "Provider= SQLOLEDB;Driver= SQL Server;SERVER= "+ sqlForm.txt-
Server.Text+";Database= "+ sqlForm.txtDatabase.Text+";Caption= "+ sqlForm.txt-
WksName.Text+";";
//获取访问所存储的数据库服务器的账户与密码
strPassword=" UID = " + sqlForm.txtUser.Text +"; PWD = " + sqlForm.txtPassword.
Text+"";
bool saveResult= SaveAsWorkspace(strWorkspaceName, false, false, strPassword);
if (saveResult==true)//工作空间另存为成功则刷新工作空间管理器控件
{
statusLabel.Text= sqlForm.txtWksName.Text+ "工作空间另存成功";
SuperWkspManager1.Refresh();
}
else
{//工作空间另存为失败则在状态栏进行提示
statusLabel.Text= sqlForm.txtWksName.Text+ "工作空间另存失败";
}
}
}
```

4. 调试运行程序

启动调试、运行程序,测试实验所实现的打开与保存 SQL 工作空间等功能。具体操作流程限于篇幅,在此不做详细说明。

四、总结与思考

（1）在实际生产环境中，GIS 应用项目的空间数据通常是通过数据库系统来进行保存和管理的。工作空间中不仅可以保存文件型数据源，还可以包括以不同数据库格式存储的空间数据，包括 SQL、SQL＋、Oracle Spatial、Oracle、DB2、Sybase、KingBase 等数据源，通过指定所要访问的服务器名称、数据库名称以及访问数据库的用户名和密码等参数来打开数据库格式的数据。

（2）SuperMap Objects 支持管理 SQL 工作空间和 Oracle 工作空间的功能。针对数据库型工作空间的管理，与第四章的实验内容基本相同，主要也是通过 SuperWorkspace 控件的 Open()、Save()、SaveAs() 和 Close() 等方法来实现，区别之处在于文件型工作空间和数据库型工作空间的访问参数不同，此外还需要利用到 ADO.NET 类库进行编程访问数据库，例如本次实验内容获取数据中已保存的工作空间名称列表。另外，SuperWorkspace 控件提供了两种方法保存工作空间，分别为：Save 方法用于以当前的名称保存工作空间，SaveAs 方法用于第一次保存工作空间，或将当前工作空间改名另存。本教程中的实验内容仅演示了 SaveAs 方法的使用。

第六章 空间数据管理(3)

一、实验目的

本实验是空间数据管理实验的第三部分。主要目的是通过本次实验,使得读者能够进一步理解工作空间、数据源、地图等核心对象各自的作用及其之间的相互关系,掌握利用 SuperMap Objects API 编程实现新建、打开数据源及新建数据集等空间数据管理功能。

二、实验内容与知识点

1. 实验内容

(1)利用 SuperWorkspace、SuperWorkspaceManager 等控件实现数据源的新建与打开等功能。

(2)利用 SuperWorkspace、SuperWorkspaceManager 等控件实现数据集的新建与删除等功能。

2. 知识点

(1)查找帮助文档可以发现,在 SuperMap Objects 中实现数据源的管理主要是通过 SuperWorkspace 控件来操作。新建数据源功能由 SuperWorkspace 控件的 CreateDataSource() 实现,该方法的使用语法为:soDataSource SuperWorkspace.CreateDataSource(*strDataSourceName* As String, *strAlias* As String, *nEngineType* As seEngineType, *bTransacted* As Boolean, *bExclusive* As Boolean, *bEncrypt* As Boolean, *strPassword* As String),具体参数说明如表 6-1 所示。

表 6-1 CreateDataSource 方法的参数说明

参数	可选	类型	描述
strDataSourceName	必选	String	1. 对于 SDB 引擎及 SDBPlus 引擎,本参数为数据源全路径文件名(*.sdb)。

续表 6-1

参数	可选	类型	描述
strDataSourceName	必选	String	2. 对于 SDX 引擎,此参数为服务器信息: (1) Oracle 引擎格式为:"provider＝MSDAORA;server＝MyServerName(全局数据服务名)"; (2) SQL Server 引擎格式为:"provider＝SQLOLEDB;server＝MyServerName(数据服务器名称\数据服务名);database＝MyDatabase"; (3) SQL Plus 引擎格式为:"Provider＝SQLOLEDB;Driver＝SQL Server;SERVER＝MyServerName(数据服务器名称\数据服务名);Database＝MyDataBASE"; (4) SybasePlus 引擎格式为:"Provider＝MSDASQL;SERVER＝MyServer(本地 ODBC 数据源服务名)"。 3. 对于内存数据源,本参数为内存数据源的名称
strAlias	必选	String	数据源别名
nEngineType	必选	seEngineType	数据源引擎类型
bTransacted	必选	Boolean	是否以事务方式创建
bExclusive	必选	Boolean	是否独占,当使用 SDX＋数据库引擎时,忽略该参数,bExclusive 自动设为 False
bEncrypt	必选	Boolean	是否加密,当使用 SDX＋数据库引擎时,忽略该参数,bEncrypt 自动设为 True
strPassword	必选	String	密码字符串。若数据引擎为 SDX＋,此参数为用户身份验证信息,包括用户名和用户密码,格式为:"uid＝MyName;pwd＝MyPassword"。其中 MyName 为用户名,MyPassword 为用户密码,uid 和 pwd 是两个关键字,不区分大小写

打开已有的数据源可以调用的接口是 OpenDatasource 和 OpenDatasourceEx。OpenDatasource 主要用来打开文件型数据源,打开成功返回一个 soDatasource 对象,失败则返回空值(Nothing 或者 NULL)。需要注意,对于单个 SDBPlus 数据源,大小不能超过 2GB。可用此方法打开的文件数据源包含 SDB,SDBPlus,MicroStation DGN,AutoCAD DXF,AutoCAD DWG,BMP,JPG,TIFF 和 RAW。SIT 文件可以通过 sceImagePlugins 引擎打开,但如果 SIT 文件设置了密码,则需要用 OpenDataSoureEx 打开,如果没有加密,两个方法都可以。OpenDatasource 方法的使用参数说明如表 6-2 所示。

第六章 空间数据管理(3)

表 6-2　OpenDatasource 方法的参数说明

参数	可选	类型	描述
strDataSourceName	必选	String	数据源文件全路径名
strAlias	必选	String	数据源别名。在同一个工作空间中必须唯一
nEngineType	必选	seEngineType	数据源引擎类型
bReadOnly	必选	Boolean	是否只读打开。对于除 SDB 或 SDBPlus 类型之外的其他文件数据源,此处设为 True 或 Flase 都做同样处理,只能以只读方式打开

OpenDatasourceEx 则可以用来打开文件型数据源和数据库型数据源,打开成功返回一个 soDatasource 对象,失败则返回空值(Nothing 或者 NULL)。打开数据源的只读、独占、事务等方式之间有如下制约关系:①以只读方式打开文件,则必须以非事务方式打开(bTransacted=False);②以事务方式打开文件,则必须以独占方式打开(bExclusive=True);③以非独占方式打开文件型数据源,则必须以只读方式打开。SuperMap 支持多种引擎类型,包括 sceSDB、sceSDBPlus、sceSQLPlus、sceSQLServer、sceOraclePlus、sceMicroStation 等,详情参考 seEngineType 枚举常量。当允许多人打开同一个 SQLSERVER 数据源时,某一用户不能单独开启事务,即 bTransacted 参数必须设置为 False,否则其他人打不开该数据源。对于单个 SDBPlus 数据源,大小不能超过 2GB。使用 OpenDatasourceEx 方法可以打开 Web 数据源,包括 WMS、WCS、WFS 和 KML。Web 数据源是只读数据源,不支持独占、压缩、事务。密码一般为空。该方法的使用语法为:soDataSource SuperWorkspace.OpenDataSourceEx (*strDataSourceName* As String,*strAlias* As String,*nEngineType* As seEngineType,*bReadOnly* As Boolean,*bTransacted* As Boolean,*bExclusive* As Boolean,*bEncrypt* As Boolean,*strPassword* As String),具体参数说明如表 6-3 所示。

表 6-3　OpenDatasourceEx 方法参数说明

参数	可选	类型	描述
strDataSourceName	必选	String	打开不同引擎的数据源,此参数设置方法不同,请参见 SuperWorkspace.CreateDataSource 方法此参数的相关说明。如果打开的是 Web 数据源,该参数代表网络服务的网址和网络服务的类型。例如 (SERVER = http://localhost:7070/ogc3/smwms?Request = GetCapabilities & SERVICE = WMS & VERSION=1.0.0;Database=WMS)。其中,Database 必须为 WMS、WFS 和 WCS 之一,不区分大小写
strAlias	必选	String	数据源别名。在同一个工作空间中必须唯一
nEngineType	必选	seEngineType	数据源引擎类型

续表 6-3

参数	可选	类型	描述
bReadOnly	必选	Boolean	是否只读打开。对于除 SDB 或 SDBPlus 类型之外的其他文件数据源,此处设为 True 或 Flase 都做同样处理,只能以只读方式打开
bTransacted	必选	Boolean	是否以事务方式打开。注意,对于 SDBPlus 数据源不支持事务方式打开
bExclusive	必选	Boolean	是否以独占方式打开。默认为 Flase。该参数对 SDX+ 数据库引擎的数据源无效;对于文件型数据源,若独占方式打开,既可是只读,也可是非只读;若共享方式打开,则只能是只读
bEncrypt	必选	Boolean	数据源是否已加密。默认为 True,该参数对 SDX+ 数据库引擎的数据源无效,因为打开数据库数据源必须提供用户名和密码
strPassword	必选	String	密码字符串。若为 SDX+数据库引擎,此参数为用户身份验证信息,包括用户名和密码,格式为:"uid = MyName;pwd = MyPassword"。其中 MyName 为用户名,MyPassword 为密码,uid 和 pwd 是两个关键字,不区分大小写

(2)如前所述,在 SuperMap GIS 中数据源中保存了数据集。因此,在 SuperMap Objects 中实现数据集的管理主要是针对数据源(soDatasource)对象来操作。新建数据集可以调用的接口较多,较为典型的有 CreateDataset、CreateDatasetEx、CreateRaster 和 CreateRasterEx。其中前两者用来创建矢量数据集,后两者用来创建栅格数据集。CreateDataset 的使用语法为:soDataset soDataSource.CreateDataset(*strName* As String,*nType* As seDatasetType,*nOptions* As seDatasetOption,[*objBounds* As soRect]),具体参数说明如表 6-4 所示。

表 6-4　CreateDataset 方法的参数说明

参数	可选	类型	描述
strName	必选	String	新数据集的名称
nType	必选	seDatasetType	新数据集的类型
nOptions	必选	seDatasetOption	数据集创建方式
[*objBounds*]	可选	soRect	新数据集的空间范围。对于数据库引擎需要指定该 Bounds,若不指定,默认范围为(0,0)~(2000,2000),此时,Bounds 以外的数据不能加入数据集当中,使用 Clip 等空间分析方法时可能会因为 Bounds 的范围不对而产生错误;对于文件引擎,则不需要指定该 Bounds

CreateDataset 方法创建的矢量数据集,其初始属性表中只有 SuperMap 的系统字段,均

以 Sm 开头。在同一个数据源文件中,数据集名称必须唯一。可用 soDataSource.IsAvailableDatasetName 判断数据集名称的合法性。另外,关于数据集的名称限制:字段的长度限制为 30 个字符(即,可以是 30 个英文字母或者 15 个汉字),组成字段名称的字符可以为字母、汉字、数字和下划线,字段名称不可以用数字和下划线开头,如果用字母开头,也不可以是 sm(SuperMap Objects 的系统字段名前缀),字段名称不能和数据库的保留关键字冲突,数据库保留关键字见技术文档中保留关键字列表。特别地,对于 OraclePlus 数据,数据集的名称目前实际上是限制在 18 个字符内,因为 Oracle 在对数据建立索引等操作后,会在原来的名称上添加一些字符,因此预留的数据集名称并未达到 30 个字符。对于 SDX+ for SQL Server 和 Oracle 数据源,不能创建宗地和 TIN 数据集。

CreateRasterEx 方法的使用语法为:soDatasetRaster soDataSource.CreateRasterEx(*strDatasetName* As String, *nType* As seDatasetType, *PixelFormat* As sePixelFormat, *nWidth* As Long, *nHeight* As Long, [*nEncodedType* As VARIANT], [*objColors* As VARIANT]),具体参数说明如表 6-5 所示。

表 6-5 CreateRasterEx 方法的参数说明

参数	可选	类型	描述
strDatasetName	必选	String	栅格数据集的名称
nType	必选	seDatasetType	栅格数据集的类型
PixelFormat	必选	sePixelFormat	栅格数据集的像素格式
nWidth	必选	Long	栅格数据集的宽度
nHeight	必选	Long	栅格数据集的高度
[*nEncodedType*]	可选	VARIANT	编码方式。取值参考常量 seEncodedType
[*objColors*]	可选	VARIANT	调色板,类型为 soColors

三、实验步骤

1. 应用程序界面设计

启动 Microsoft Visual Studio .NET 2010,打开第五章实验所创建的 MyProject 解决方案,设计应用程序主界面。步骤简要说明如下。

(1)在菜单栏中"文件"菜单下添加两个菜单"文件型数据源"和"SQL 型数据源",分别为这两个菜单添加子菜单"新建"和"打开"。在菜单栏中添加菜单"数据集",为该菜单添加子菜单"新建"与"删除"。具体设计界面如图 6-1 所示。

(2)在工程中添加 2 个新窗体,第 1 个窗体名称为 FormSQLDS,该窗体主要用来进行新建与打开 SQL 型数据源的参数设置,包括 5 个 Label 控件、5 个 TextBox 控件和 3 个 Button

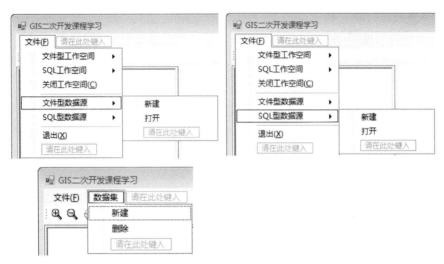

图 6-1 数据源及数据集菜单项设计

控件。第 2 个窗体名称为 FormCreateDst，该窗体主要用来进行新建数据集的参数设置，包括 3 个 Label 控件、1 个 TextBox 控件、2 个 ComboBox 和 2 个 Button 控件。两窗体的具体设计界面如图 6-2 和图 6-3 所示。

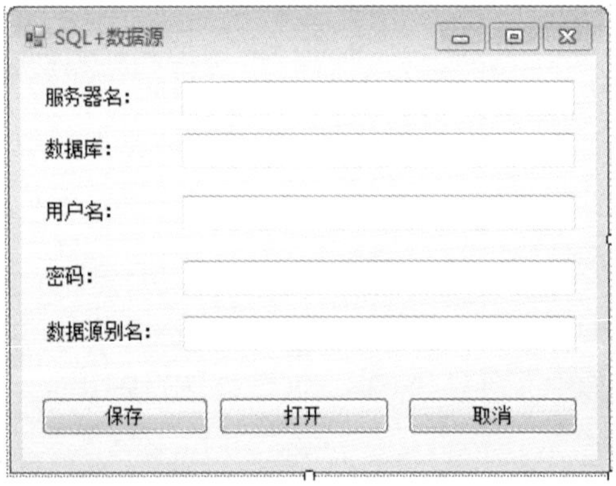

图 6-2 数据源窗体（FormSQLDS）设计

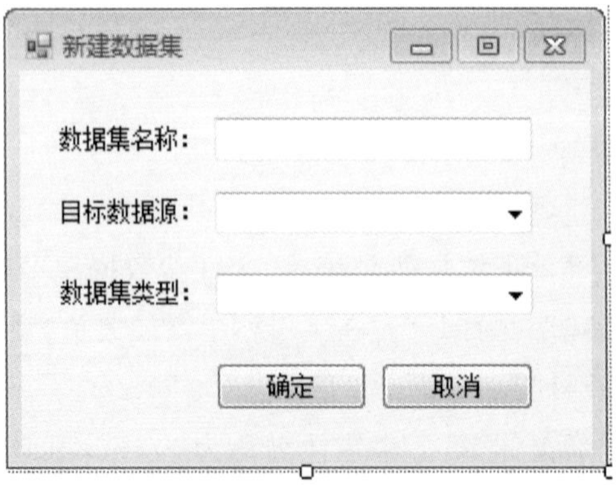

图 6-3 数据集窗体（FormCreateDst）设计

2. 新建与打开数据源对象等功能实现

1) 新建数据源

在此,分别针对新建文件型数据源和 SQL 数据库型数据源的功能实现进行阐述。我们先来看看新建文件型数据源的处理流程,主要可以分为两步。

(1) 利用保存文件对话框组件指定新建数据源的存储位置及文件名。

(2) 调用 CreateDataSource() 创建数据源文件。如果创建成功,则刷新工作空间管理器,否则提示数据源创建失败信息。

在编写代码时,可以在前文实验内容中"另存文件型工作空间"的代码基础上稍加修改后即可,具体实现代码如下。

```
private void menuNewSDBFile_Click(object sender, EventArgs e)
{//新建文件型数据源菜单项事件响应过程
saveFileDialog1.Filter= "SDB 文件(*.sdb)|*.sdb|所有文件(*.*)|*.*";
DialogResult dr= saveFileDialog1.ShowDialog();
if (dr==DialogResult.OK)
{
string dsAlias=
saveFileDialog1.FileName.Substring(saveFileDialog1.FileName.LastIndexOf("\\")
+1);//获取不带路径的文件名
soDataSource newDs= SuperWorkspace1.CreateDataSource (saveFileDialog1.FileName,
dsAlias, seEngineType.sceSDBPlus, false, false, false, "");
if (newDs != null)//新建数据源成功则在状态栏进行提示
{
SuperWkspManager1.Refresh();//刷新工作空间管理器
statusLabel.Text= saveFileDialog1.FileName+ "数据源创建成功";
}
else
{//数据源创建失败则在状态栏进行提示
statusLabel.Text= saveFileDialog1.FileName+ "数据源创建失败";
}
}
}
```

与新建文件型数据源类似,新建 SQL 数据库型数据源的处理流程如下。

首先,以模态对话框的方式显示 SQL 数据源窗体(FormSQLDS),在该窗体中指定新建数据源的服务器名称、数据库名称、用户名、密码及数据源别名等参数。然后,根据该窗体的返回值 dr(DialogResult 枚举类型)决定是否执行后续的新建数据源操作代码。设置窗体返回值功能主要是在"保存"和"取消"两个按钮控件的 Click 事件中进行编码。如果 dr 的值为 DialogResult.OK,则利用 FormSQLDS 窗体中文本框所输入的 SQL 数据源的各项参数来构造 SuperWorkspace 控件的 CreateDataSource()所需的数据源参数。最后，执行 CreateDataSource()，根据方法的返回值进行应用程序界面的更新与信息提示。如果创建成功，则刷新工作空间管理器，否则提示数据源创建失败信息。

在编写代码时，可以在前文实验内容中"另存 SQL 型工作空间"的代码基础上稍加修改即可，具体实现代码如下。

```csharp
private void menuNewSQLDS_Click(object sender, EventArgs e)
{
//(1)显示新建 SQL 数据源的参数设置窗体
string strDatasourceName="";
string strPassword="";
string strAlias="";
soDataSource newDS=null;
FormSQLDS sqlForm= new FormSQLDS();
sqlForm.btnOpenDS.Enabled=false;
DialogResult dr= sqlForm.ShowDialog();
//(2)调用 CreateDatasource()方法，创建数据源保存在 SQL Server 数据库中
if (dr==DialogResult.OK)
{
//设置 SQL 数据源参数
strDatasourceName="Provider=SQLOLEDB;Driver=SQL Server;SERVER="+ sqlForm.txtServer.Text+";Database="+sqlForm.txtDatabase.Text;
//获取访问存放数据源的 SQL 数据库服务器的账户与密码
strPassword=" UID = " + sqlForm.txtUser.Text +"; PWD = " + sqlForm.txtPassword.Text+"";
strAlias= sqlForm.txtDSName.Text;
newDS = SuperWorkspace1.CreateDataSource (strDatasourceName, strAlias, seEngineType.sceSQLPlus, false, false, false, strPassword);
if (newDS!=null)//新建数据源成功则在状态栏进行提示
{
statusLabel.Text=strAlias+"数据源创建成功";
SuperWkspManager1.Refresh();//刷新工作空间管理器
}
else
{//数据源创建失败则在状态栏进行提示
statusLabel.Text=strAlias+"数据源创建失败";
}
}
}
```

第六章 空间数据管理(3)

启动调试,运行程序,步骤如下。

第一步,执行菜单"文件"下的"SQL 型数据源"的"新建"菜单项,调用 SQL 数据源窗体来设置新建数据源拟存放的服务器名称、数据库、用户名、密码及数据源别名等参数。操作界面如图 6-4 所示。

图 6-4 新建 SQL 数据源窗体

第二步,数据源参数设置完毕后,点击"保存"按钮,程序执行新建数据源操作,如创建成功,则会在工作空间管理器中显示新建数据源的别名。操作界面如图 6-5 所示。至此,可以确认程序已基本实现新建 SQL 数据源功能。

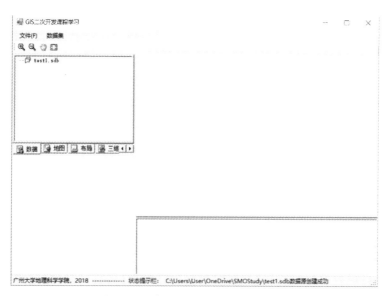

图 6-5 新建文件型数据源成功后界面

2)打开数据源

在此,分别针对打开文件型数据源和 SQL 数据源的功能实现进行阐述。我们先来看看打开文件型数据源的处理流程,主要可以分为两步。

(1)利用打开文件对话框组件指定要打开数据源的存储位置及文件名。

(2)调用 OpenDataSource()打开相应数据源文件。如果打开成功,则刷新工作空间管理器,否则提示数据源打开失败信息。

在编写代码时,可以在前文实验内容中"打开文件型工作空间"的代码基础上稍加修改后即可,具体实现代码如下。

```
private void menuOpenSDBFile_Click(object sender, EventArgs e)
{
//打开文件型数据源菜单项事件响应过程
openFileDialog1.Filter="SDB 文件(*.sdb)|*.sdb|所有文件(*.*)|*.*";
DialogResult dr= openFileDialog1.ShowDialog();
if (dr==DialogResult.OK)
{
string dsAlias=
openFileDialog1.FileName.Substring(openFileDialog1.FileName.LastIndexOf("\\")
+1);//获取不带路径的文件名作为数据源别名
soDataSource openedDs=
SuperWorkspace1.OpenDataSource(openFileDialog1.FileName, dsAlias, seEngineType.
sceSDBPlus, false);
if (openedDs !=null)//数据源打开成功则刷新工作空间管理器控件
{
    statusLabel.Text= openFileDialog1.FileName+ "数据源打开成功";
    SuperWkspManager1.Refresh();
}
else
{//工作空间打开失败则在状态栏进行提示
    statusLabel.Text= openFileDialog1.FileName+ "数据源打开失败";
}
}
}
```

启动调试,运行程序,步骤如下。

第一步,执行菜单"文件"下的"文件型数据源"的"打开"菜单项,调用打开文件对话框来设置要打开的数据源所存放的位置和名称等参数。操作界面如图 6-6 所示。

第二步,数据源参数设置完毕后,点击"打开"按钮,程序执行打开数据源操作,如打开成功,则会在工作空间管理器中显示该数据源的别名。操作界面如图 6-7 所示。至此,可以确认程序已基本实现打开文件型数据源功能。

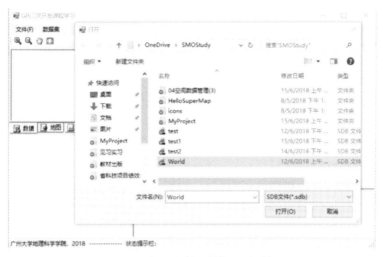

图 6-6　打开文件型数据源对话框

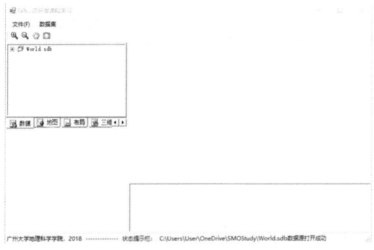

图 6-7　打开文件型数据源成功后界面

与打开文件型数据源类似，打开 SQL 数据库型数据源的处理流程如下。

首先，以模态对话框的方式显示 SQL 数据源窗体（FormSQLDS），在该窗体中指定要打开的 SQL 数据源的服务器名称、数据库名称、用户名、密码及数据源别名等参数。然后，根据该窗体的返回值 dr（DialogResult 枚举类型）决定是否执行后续的新建数据源操作代码。设置窗体返回值功能主要是在"打开"和"取消"两个按钮控件的 Click 事件中进行编码。如果 dr 的值为 DialogResult.OK，则利用 FormSQLDS 窗体中文本框所输入的 SQL 数据源的各项参数来构造 SuperWorkspace 控件的 OpenDataSourceEx()所需的数据源参数。最后，执行 OpenDataSourceEx()，根据方法的返回值进行应用程序界面的更新与信息提示。如果打开成功，则刷新工作空间管理器，否则提示数据源打开失败信息。

在编写代码时，可以在前文实验内容中"打开 SQL 型工作空间"代码的基础上稍加修改即可,具体实现代码如下。

```csharp
private void menuOpenSQLDS_Click(object sender, EventArgs e)
{
//(1)显示打开SQL数据源的参数设置窗体
string strDatasourceName="";
string strPassword="";
string strAlias="";
soDataSource openedDS=null;
FormSQLDS sqlForm=new FormSQLDS();
sqlForm.btnSaveDS.Enabled=false;
DialogResult dr=sqlForm.ShowDialog();
//(2)调用OpenDatasourceEx()方法,访问保存在SQL Server数据库中的数据源
if (dr==DialogResult.OK)
{
//设置SQL数据源参数
strDatasourceName="Provider=SQLOLEDB;Driver=SQL Server;SERVER="+sqlForm.txt-
Server.Text+";Database="+sqlForm.txtDatabase.Text;
//获取访问存放数据源的SQL数据库服务器的账户与密码
strPassword="UID="+sqlForm.txtUser.Text+";PWD="+sqlForm.txtPassword.Text+"";
strAlias=sqlForm.txtDSName.Text;
openedDS=SuperWorkspace1.OpenDataSourceEx(strDatasourceName, strAlias,seEngin-
eType.sceSQLPlus, false, false, false, false, strPassword);
if (openedDS!=null)//打开数据源成功则在状态栏进行提示
{
    statusLabel.Text=strAlias+"数据源打开成功";
    SuperWkspManager1.Refresh();//刷新工作空间管理器
}
else
{//数据源打开失败则在状态栏进行提示
    statusLabel.Text=strAlias+"数据源打开失败";
}
}
}
```

3. 新建与删除数据集对象等功能实现

1)新建数据集

回顾前文内容,我们知道数据源负责数据集的管理。为此,查找帮助文档可以发现,数据

源对象(soDataSource)的接口列表中有多个方法可以用来实现新建数据集的功能,具体包括 CreateCentroidPoints( )、CreateDataSetEx( )、CreateDataSet( )、CreateDataSetFrom( )、CreateECWDataSet( )、CreateMRSIDDataSet( )、CreatePoints( )、CreateRaster( )、CreateRasterEx( )和 CreateRasterFrom( )等方法。在此,我们计划采用 CreateDataSet 方法来完成本部分实验的内容,数据集的类型简化为仅针对点、线和面 3 类矢量数据集类型。根据 CreateDataSet 方法的参数使用说明,参考 SuperMap Deskpro 软件的交互处理以及帮助文档中的示范代码,针对实验内容进行代码编写。由于数据集菜单功能需要在工作空间管理器中已存在打开的数据源后才可以调用,因此可以在主窗体(Form1)的 Load 事件中将 menuDataset 的 Enabled 属性设置为 false。接下来,针对新建数据集功能的具体实现步骤说明如下。

首先在执行主窗体(Form1)中"数据集"下的"新建"菜单项时,显示新建数据集窗体(FormCreateDst),并利用新建数据集窗体(FormCreateDst)来指定新建数据集的目标数据源、数据集名称和数据集类型。由于目标数据源列表信息需要通过访问主窗体(Form1)中的工作空间控件(SuperWorkspace1.Datasource 属性)来获取,所以涉及到主窗体(Form1)和新建数据集窗体(FormCreateDst)之间的数据传递共享,本实验中采用了通过构造函数传递对象引用以及静态字段等两种方式来实现窗体间的数据共享。新建数据集窗体(FormCreateDst)的具体实现代码如下。

```
public partial class FormCreateDst : Form
{
soTreeView myDsTree;//定义变量用来保存 Form1 窗体中工作空间管理器的数据源树对象引用
public FormCreateDst(soTreeView mainDsTree)
{
InitializeComponent();
myDsTree=mainDsTree;//获取 Form1 窗体中工作空间管理器的数据源树对象引用
}
private void FormCreateDst_Load(object sender, EventArgs e)
{//读取数据源树对象中的所有数据源名称,并添加到组合复选框中以供选择
for (int i=1; i<=myDsTree.Nodes.Count; i++)
{
cboDatasource.Items.Add(myDsTree.Nodes.Item[i].Text);
}
}
private void btnOK_Click(object sender, EventArgs e)
{//将本窗体中所设置的数据集名称、目标数据源和数据集类型索引等参数保存在 Form1 类的静态变量中
Form1.selectedDSName=cboDatasource.SelectedItem.ToString();
Form1.newDstName=txtDstName.Text;
```

```
Form1.newDstTypeIndex=cboDstType.SelectedIndex;
this.DialogResult=DialogResult.OK;//设置窗体返回值
}
private void btnCancel_Click(object sender, EventArgs e)
{
this.DialogResult=DialogResult.Cancel;//设置窗体返回值
}
}
```

然后调用目标数据源对象的 CreateDataSet( )方法,从而实现数据集的创建。如果创建成功,则刷新工作空间管理器,否则提示数据集创建失败信息。主窗体(Form1)中"数据集"下的"新建"菜单项的 Click 事件处理程序:

```
private void menuCreateDst_Click(object sender, EventArgs e)
{
//获取工作空间管理器中的数据源页面的树对象
soTreeView dsTree=SuperWkspManager1.get_TreeView(1);
//将数据源树对象的引用作为参数,通过构造函数传递给 FormCreateDst 窗体对象
FormCreateDst dstForm= new FormCreateDst(dsTree);
DialogResult dr=dstForm.ShowDialog();
if (dr==DialogResult.OK)
{
seDatasetType myType= seDatasetType.scdPoint;
soDataset newDst;
//确保新建数据集名称不为空而且已选择了数据集类型
if (Form1.newDstName!=""&&Form1.selectedDSName!="")
{
switch (Form1.newDstTypeIndex)//确定新建数据集的类型(点、线和面)
{
case 0:
myType= seDatasetType.scdPoint;
break;
case 1:
myType= seDatasetType.scdLine;
break;
case 2:
myType= seDatasetType.scdRegion;
break;
}
```

```
soDataSource seletedDS=SuperWorkspace1.Datasources[Form1.selectedDSName];//获取
目标数据源对象
newDst=seletedDS.CreateDataset(Form1.newDstName, myType, seDatasetOption.scoDe-
fault, null);//创建数据集
if (newDst==null)
{
MessageBox.Show("新建数据集失败", "错误提示");
}
else
{
statusLabel.Text=Form1.newDstName+ "数据集创建成功";
SuperWkspManager1.Refresh();
}
}
}
```

2) 删除数据集

查找帮助文档可以发现，数据源对象（soDataSource）的 DeleteDataset 方法可以用来实现删除数据集的功能。该方法使用起来较为简单，具体语法为：Boolean soDataSource.Delete-Dataset(*strName* As String)，即指定待删除的数据集名称即可。需要注意的是，如果被删除的数据集被使用，应将该数据集从 SuperMap 地图窗口的图层中移除，并释放所有指向此数据集的对象变量，再删除。在此，这部分的实验内容在设计时进行了简化处理，主要以演示接口用法为主。程序功能的实现思路如下。

首先，在主窗体（Form1）中的工作空间管理器页面中利用鼠标单击选择待删除的数据集。在编写代码时，针对工作空间管理器的 LClick 事件编程，通过事件参数 e 的属性获取所选中的数据集名称（e.strSelected）以及该数据集所属数据源的名称（e.strParent），并使得数据集菜单项处于可用状态。LClick 事件的具体响应处理代码如下。

```
private void SuperWkspManager1_LClick(object sender,
AxSuperWkspManagerLib._DSuperWkspManagerEvents_LClickEvent e)
{
switch (e.nFlag)
{
case seSelectedItemFlag.scsDataset:
selectedDSTName= e.strSelected;//记录当前所选中的数据集名称
selectedDSName= e.strParent;//记录选中数据集所在的数据源名称
menuDataset.Enabled= true;//使数据集菜单可用
```

```
        break;
    default:
        break;
    }
}
}
}
```

然后,执行菜单栏上"数据集"下的菜单项"删除",根据之前记录的数据集所属数据源的名称,获取要操作的数据源对象(soDatasource),调用数据源对象的 DeleteDataset 方法实现删除数据集操作,并刷新工作空间管理器。删除数据集菜单项的 Click 事件响应代码如下。

```
private void menuDeleteDst_Click(object sender, EventArgse)
{
    if(SuperMap1.Layers.Count>0)
    {
        for (int i=1; i<=SuperMap1.Layers.Count; i++)
        {
            if (SuperMap1.Layers[i].Dataset.Name==selectedDSTName)
            {//如果被删除的数据集被使用,应将该数据集从 SuperMap 地图窗口的图层中移除,再删除
                SuperMap1.Layers.RemoveAt(i);
                SuperMap1.Refresh();
                break;
            }
        }
    }
    bool bResult=SuperWorkspace1.Datasources[selectedDSName].DeleteDataset(select-
edDSTName);
    if (bResult)
    {
        SuperWkspManager1.Refresh();
        statusLabel.Text=selectedDSTName+"数据集删除成功";
    }
}
```

4. 调试运行程序

启动调试、运行程序,测试实验所实现的新建与打开数据源、新建与删除数据集等空间数据管理功能。限于篇幅,仅以新建文件型数据源和打开 SQL 数据源功能的测试操作流程为例进行介绍,其余功能调试在此不做详细说明。

(1)新建数据源功能的测试步骤如下。

第一步,执行菜单"文件"下的"文件型数据源"的"新建"菜单项,调用保存文件对话框来设置新建数据源拟存放的位置和名称等参数。操作界面如图6-8所示。

图6-8 新建文件型数据源对话框

第二步,数据源参数设置完毕后,点击"保存"按钮,程序执行新建数据源操作,如创建成功,则会在工作空间管理器中显示新建数据源的别名。操作界面如图6-9所示。至此,可以确认程序已基本实现新建文件型数据源功能。

图6-9 新建文件型数据源成功后界面

(2)打开SQL数据源功能的测试步骤如下。

第一步,执行菜单栏"文件"下的"SQL型数据源"的"打开"菜单项,调用打开SQL数据源窗体来设置要打开的SQL数据源所在的服务器名称、数据库名称、用户名、密码及数据源别名等参数。操作界面如图6-10所示。

第二步,数据源参数设置完毕后,点击"打开"按钮,程序执行打开数据源操作,如打开成功,则会在工作空间管理器中显示该数据源的别名。操作界面如图6-11所示。至此,可以确认程序已基本实现打开SQL型数据源功能。

图 6-10　打开 SQL 型数据源窗体

图 6-11　打开 SQL 型数据源成功后界面

四、总结与思考

（1）SuperWorkspace 支持访问包括 SQL、SQL＋、Oracle Spatial、Oracle、DB2、Sybase、KingBase 等类型的数据源，通过指定所要访问的服务器名称、数据库名称以及访问数据库的用户名和密码等参数来打开数据库格式的数据。此外，还支持打开 Web 数据源（WMS、WCS、WFS 和 KML），通过指定网络服务的网址和网络服务的类型等参数来打开。

（2）可以通过工作空间管理器控件来获取工作空间的数据元素，如工作空间中打开了多少个数据源，保存有多少张地图和布局。通常情况下，GIS 的数据量是相当大的，一次将所有的数据都调入，不但占用过多的系统资源，降低系统性能，而且没有必要。可行的策略是，首先将所有数据的相关信息读入,对于数据的详细信息(如坐标和属性)则在需要的时候再调入。基于此种考虑,SuperMap Objects 在 SuperWorkspace 控件中只保存数据的链接关系,所以,可以从工作空间中先读出数据元素的名称,然后根据名称获得相应的数据。

(3)打开数据库型数据源的参数形式与文件型数据源基本相同,区别只在于:打开文件型数据源使用文件的相对路径和绝对路径,密码不是必需的;而打开数据库型数据源则要使用数据库连接字符串,同时还需要合法的用户名和访问密码。数据源打开后,可以统一通过别名访问,不再区分数据源的类型了。创建数据源方法的各个参数的使用方法与打开数据源的使用方法类似。

(4)在 SuperMap Objects 的数据组织方案中,数据集是数据源中的元素。SuperMap Objects 中的数据集大致相当于传统 GIS 中的层,但是在 SuperMap Objects 中同一个数据集可以对应于多个图层,一个图层只对应于一个数据集,数据集是空间数据在逻辑上的集合,或者说是同种类型数据的集合。由于数据集是数据源的一个元素,所以,数据集的创建以数据源为单位,即先获得一个数据源对象,然后使用数据源对象的相应方法创建数据集。由于数据集的名称是该数据集在数据源中的唯一标识名,所以数据集的命名有一定的规则,不能与已有的数据集同名,所以,在创建数据集以前,务必使用数据源提供的用于检查数据集名称是否合法的方法 IsAvailableDatasetName 检查一下数据集名称是否合法。当数据集不再使用时就可以删除掉,以节约磁盘空间,提高数据访问速度。需要注意的是,删除数据集之前,请确认一定要关闭该数据集,即地图窗口中没有使用,属性表也没有被引用。

(5)扩展练习:根据第四章、第五章和第六章的内容,制作一个数据源信息浏览器,要求:提供打开工作空间文件,关闭工作空间。界面要求为:使用树状列表显示工作空间中所有的数据源和数据集并反映出工作空间、数据源、数据集之间的层次关系;使用 ListView 显示数据集的相关信息,如名称,创建时间等,当鼠标点中某一个数据集节点时,在 ListView 中动态显示数据集的信息。

第七章 空间对象查询

一、实验目的

众所周知，GIS 首先是作为一个存储着大量地理信息的数据库而存在的，其最基本的功能之一就是方便人们查询自己需要的地理信息。SuperMap Objects 的查询模式可以分为两类：第一类是空间数据和属性数据的双向查询，即通常所说的图查属性和属性查图。图查属性是通过在 SuperMap 窗口选择空间对象，然后查询其相关属性；属性查图则刚好相反，是先给出属性条件，然后查找满足条件的空间对象，在 SuperMap 窗口中高亮显示出来。第二类是空间几何查询，具体包括 SQL 查询、基于空间位置关系的查询以及综合查询。本次实验的主要目的是使得读者能够理解数据源、数据集和选择集等对象各自的作用及其之间的相互关系，掌握利用 SuperMap Objects API 编程实现空间数据与属性数据的双向查询以及基于空间位置关系和属性条件的联合查询等功能。

二、实验内容与知识点

1. 实验内容

(1) 利用 SuperWorkspace、SuperMap、SuperGridView 等控件实现空间数据与属性数据的双向查询功能。

(2) 利用 SuperWorkspace、SuperMap 等控件实现基于 SQL 查询、基于空间位置关系的查询以及综合查询功能。

2. 知识点

(1) 在 SuperMap Objects 中实现属性查询是通过记录集对象 soRecordset 来操作，而查询结果的高亮显示是通过选择集对 soSelection 来实现，因此我们在讲解空间与属性数据的双向查询之前，有必要介绍一下选择集对象 soSelection、记录集对象 soRecordset 和 SuperMap 控件之间的关系，具体参见图 7-1。

选择集主要用来存放用户在地图窗口中选择的对象，可以通过访问 SuperMap 控件的

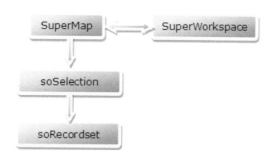

图 7-1 选择集与记录集的关系

Selection 属性返回当前地图窗口的选择集对象,示范代码如下：

soSelection objSelection= SuperMap.Selection;

获取选择集对象以后,我们就可以对被选择的空间对象进行操作,如显示对象的属性、取出对象进行修改。还可以把一个或者一批对象加入到选择集中(被选中的对象会以高亮方式显示)、从选择集中删除对象(由原来的被选中高亮变为没有被选中)。想要实现图查属性功能,常用的实现思路是：在地图窗口中进行选择动作,选择空间对象后都会自动触发 SuperMap_GeometrySelected 事件,在此事件中通过调用 ToRecordset 方法,将选择集获取对应的记录集来实现查询属性功能即可。ToRecordset 方法的使用语法为：soSelection. ToRecordset(bGeometryOnly as Boolean) as soRecordset。

(2)实现属性查图功能,常用的实现思路是：首先,在设计好的用于 SQL 查询的界面中,设置查询的目标图层、查询条件等参数,通过调用 Query 方法,进行条件属性查询,并把查询结果放在临时记录集对象中。Query 方法通过属性过滤条件查询矢量数据集,结果可包含空间几何对象和属性信息。成功返回记录集对象(soRecordset),失败返回 NULL,其使用语法为：soRecordset soDatasetVector. Query(*strSQLFilter* As String,*bHasGeometry* As Boolean,[*objFields* As soStrings],[*strOptions* As String]),具体参数说明如表 7-1 所示。

表 7-1 Query 方法的参数说明

参数	可选	类型	描述
strSQLFilter	必选	String	查询条件,相当于 SQL 语句中的 Where 子句
bHasGeometry	必选	Boolean	是否查询空间数据。True,表示要取空间数据；False,表示不取空间数据。若查询时不取空间数据,即只查询属性信息,则在返回的 Recordset 中,凡是对记录集的空间对象进行操作的方法,都将无效,例如,调用 soRecordset. GetGeometry 将返回空、SuperMap. EnsureVisibleRecordset 无效等

续表 7-1

参数	可选	类型	描述
[objFields]	可选	soStrings	可选参数,字段列表。缺省时,查询结果包括全部字段。否则,只有列表中列出的字段,内容相当于 SQL 语句中的查询字段部分,如 SELECT field1, field2 FROM dt1 WHERE SmID < 10,该语句中的 field1 和 field2 都属于查询字段,可以用 as 设置别名,详见《SuperMap Objects 联机帮助》
[strOptions]	可选	String	查询选项。如查询出的结果①是否按某一字段排序(Order By),默认为升序,如需按降序排列,格式为"Order By * desc",其中 * 代表某一字段名;②是否按某一字段分组(Group By)等。对于 SDB 或者 SDBPlus 引擎而言,当 bHasGeometry 为 True 时,本参数无效

然后,在获取查询结果的记录集对象后,通过调用地图选择集对象的 FromRecordset 方法,把带有几何对象的记录集转化为选择集,从而实现满足查询条件的空间对象的高亮显示。该方法的使用语法如下:

Boolean soSelection.FromRecordset(objRecordset As soRecordset)

另外,可以通过记录集,调用 GetGeometry 方法得到当前满足查询条件的每一个空间对象,进而返回关于空间对象的一些信息,例如,空间对象的类型、面积等。GetGeometry 方法的使用语法较为简单,在此不再赘述。

三、实验步骤

1. 应用程序界面设计

启动 Microsoft Visual Studio .NET 2010,打开第六章实验所创建的 MyProject 解决方案,设计应用程序主界面,步骤简要说明如下。

(1)在菜单栏中添加一级菜单"查询",并为其添加子菜单"图查属性""SQL 查询""空间查询"。具体设计界面如图 7-2 所示。

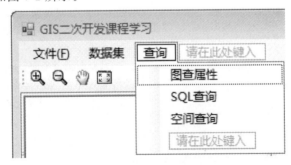

图 7-2 查询菜单项设计

（2）在工程中添加 2 个新窗体，第 1 个窗体名称为 FormSQLQuery，该窗体主要用来进行根据属性条件查询几何对象的参数设置，包括 2 个 Label 控件、2 个 TextBox 控件和 2 个 Button 控件。第 2 个窗体名称为 FormSpatialQuery，该窗体主要用来进行基于空间位置关系的查询参数设置，包括 3 个 Label 控件、3 个 ComboBox 控件和 2 个 Button 控件。两窗体的具体设计界面如图 7-3 和图 7-4 所示。

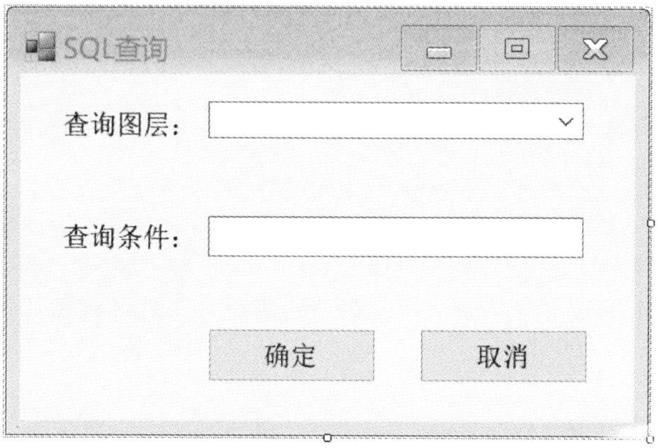

图 7-3　SQL 查询窗体（FormSQLQuery）设计

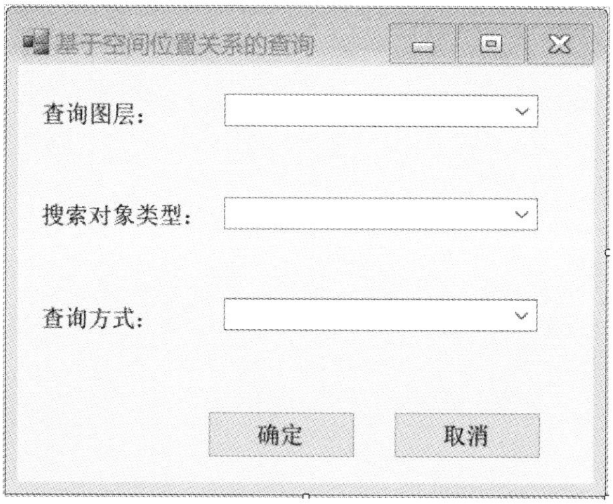

图 7-4　空间查询窗体（FormSpatialQuery）设计

2. 空间数据和属性数据的双向查询功能实现

1）图查属性

在此，分别针对图查属性和属性查图的功能实现进行阐述。我们先来看看图查属性功能的实现流程，主要可以分为两步。

（1）当执行"图查属性"菜单项时，设置地图动作为选择操作，并选择一个或几个几何对象，当选中几何对象后会自动触发 SuperMap 控件的 GeometrySelected 事件。

(2)在 GeometrySelected 事件中,获取选中对象对应的记录集,并将记录集显示在 SuperGridView 控件中。

根据上述流程,编写程序功能的实现代码。首先,在 Form1 类中定义一个布尔变量,用来指示是否执行图查属性功能。具体代码为:

bool queryByMap=false;//布尔变量用来指示是否进行图查属性

然后,在"图查属性"菜单项的 Click 事件中,设置地图动作为选择操作。具体代码为:

```
private void menuQueryByMap_Click(object sender, EventArgs e)
{
queryByMap=true;
SuperMap1.Action=seAction.scaSelectEx;
}
```

最后,在 SuperMap 控件的 GeometrySelected 事件中,获取所选中对象的属性信息并显示。具体代码为:

```
private void SuperMap1_GeometrySelected(object sender, AxSuperMapLib._DSuperMapEvents_GeometrySelectedEvent e)
{
if (queryByMap==true)
{
//获取地图窗口中当前所选中的几何对象
SuperMapLib.soSelection objSelection=SuperMap1.selection;
//获取所选对象的属性数据
SuperMapLib.soRecordset objRd=objSelection.ToRecordset(false);
//显示属性信息在 SuperGridView 控件中
SuperGridView1.Connect(objRd);
objSelection=null;
objRd=null;
}
}
```

2)属性查图

我们再来看看属性查图功能的实现流程,主要可以分为两步。

(1)当执行"属性查图"菜单项时,显示 SQL 查询窗体,在该窗体中设置查询的条件和目标图层,并点击"确定"按钮。

(2)根据查询条件和目标图层,调用 Query 方法,查询满足条件的记录集,再调用 FromRecordset 方法将记录集转为选择集,即将满足查询条件的几何对象高亮显示在地图窗口中。

根据上述流程,编写程序功能的实现代码。其中,"属性查图"菜单项的 Click 事件处理功能代码为:

```csharp
private void menuSQLQuery_Click(object sender, EventArgs e)
{//通过构造函数传递 SuperMap1 的引用给 sqlQueryForm
    FormSQLQuery sqlQueryForm= new FormSQLQuery(SuperMap1);
    DialogResult dr= sqlQueryForm.ShowDialog();//显示 SQL 查询窗体
    if (dr==DialogResult.OK)
    {
        //获取所要查询的图层对应的矢量数据集
        soDatasetVector objDtv= (SuperMapLib.soDatasetVector)SuperMap1.Layers[queryLayer].Dataset;
        //执行查询操作,结果为记录集对象
        soRecordset objRd= objDtv.Query(queryText, true, null, "");
        soSelection objSelection= SuperMap1.selection;
        //将记录集转为选择集,即将满足查询条件的几何对象高亮显示在地图窗口中
        objSelection.FromRecordset(objRd);
        //刷新地图
        SuperMap1.Refresh();
    }
}
```

SQL 查询窗体的代码实现需要注意以下几点。

首先,在 FormSQLQuery 窗体的构造函数中获取 Form1 窗体中的 SuperMap1 对象引用,具体代码如下。

```csharp
AxSuperMapLib.AxSuperMap mySuperMap;
public FormSQLQuery(AxSuperMapLib.AxSuperMap superMap)
{
    InitializeComponent();
    mySuperMap= superMap;
}
```

然后,在 FormSQLQuery 窗体的加载过程中,需要读取 Form1 窗体中地图窗口所加载的图层名称到 cboLayerName 控件中以供选择查询目标图层。FormSQLQuery_Load 事件的处理代码如下。

```csharp
private void FormSQLQuery_Load(object sender, EventArgs e)
{//读取地图窗口的图层集合所对应的数据集名称并添加到下拉列表框的选项集合中
    cboLayerName.BeginUpdate();
    for (int i=1; i<=mySuperMap.Layers.Count; i++)
    {
        cboLayerName.Items.Add(mySuperMap.Layers[i].Name);
    }
```

```
cboLayerName.EndUpdate();
}
```

最后,点击"查询"按钮,保存 SQL 查询条件和目标图层名称等信息到 Form1 类的静态变量,并设置窗体返回值为 DialogResult.OK。btnQuery_Click 事件的处理代码如下。

```
private void btnQuery_Click(object sender, EventArgs e)
{
//确保要查找图层不能为空
if (cboLayerName.SelectedItem.ToString()=="")
{
    MessageBox.Show("查找图层不能为空");
    return;
}
//确保查找信息不能为空
if (this.txtExpression.Text=="")
{
    MessageBox.Show("查找信息不能为空");
    return;
}
Form1.queryText= txtExpression.Text;//保存 SQL 查询条件到 Form1 类的静态变量
Form1.queryLayer= cboLayerName.Text;//保存查询目标图层名称到 Form1 类的静态变量
this.DialogResult= DialogResult.OK;
}
```

3. 基于空间位置关系的查询功能实现

基于空间位置关系的查询功能实现,主要可分为以下几个步骤。

(1) 当执行"空间查询"菜单项时,设置布尔变量 spatialQuery 为 True,并显示空间查询窗体 FormSpatialQuery。当点击"确定"按钮后,在该窗体中检查查询条件参数设置,并保存查询的目标图层、搜索对象的类型以及查询方式等参数到 Form1 类的静态变量中,设置窗体返回值为 DialogResult.OK。

(2) 根据搜索对象的类型,设置地图动作为执行不同的跟踪层操作。当跟踪层上的对象绘制完毕后会自动触发 SuperMap1_Tracked 事件。在 Tracked 事件中,获取跟踪层所绘制的几何对象,依据不同的查询模式参数,执行不同的空间查询,并在跟踪层上绘制查询结果所对应的几何对象。

根据上述流程,编写程序功能的实现代码。

首先,在 Form1 类中定义一个布尔变量,用来指示是否执行空间查询功能。具体代码为:

```
bool spatialQuery= false;//布尔变量用来指示是否进行空间查询
```

第七章 空间对象查询

然后,执行"空间查询"菜单项,设置地图动作为执行不同的跟踪层操作。具体代码为:

```
private void menuSpatialQuery_Click(object sender, EventArgs e)
{
spatialQuery=true;
FormSpatialQuery spatialQueryForm= new FormSpatialQuery(SuperMap1);
DialogResult dr= spatialQueryForm.ShowDialog();
if (dr==DialogResult.OK)
{
    SetGeoType();
}
}

//根据搜索对象类型,执行不同操作
private void SetGeoType()
{
switch (spQueryGeoType)
{
    case 0:
        SuperMap1.Action= seAction.scaTrackPoint;
        break;
    case 1:
        SuperMap1.Action= seAction.scaTrackPolyline;
        break;
    case 2:
        SuperMap1.Action= seAction.scaTrackPolygon;
        break;
}
}
```

最后,在 SuperMap1_Tracked 事件中执行基于空间位置关系的查询。具体代码为:

```
private void SuperMap1_Tracked(object sender, EventArgs e)
{
if (spatialQuery==true)
{
//获取在跟踪层上绘制的几何对象
soGeometry objSearchGeo= SuperMap1.TrackedGeometry;
//确保所绘制的几何对象不为空
if (objSearchGeo==null)
```

```
{
    MessageBox.Show("未获得用于搜索的对象","提示");
    return;
}
//获取所要查询的图层
soLayer objLy= SuperMap1.Layers[spQuerylayer];
//获取该图层对应的矢量数据集
soDatasetVector objDtv= (soDatasetVector)objLy.Dataset;
soRecordset objSearchRd= null;
//依据不同的查询模式参数,执行不同的空间查询
switch (spQueryMode)
{
    case 0:
        objSearchRd= objDtv.QueryEx(objSearchGeo,seSpatialQueryMode.scsCommonPoint, "");
        break;
    case 1:
        objSearchRd = objDtv.QueryEx (objSearchGeo, seSpatialQueryMode.scsLineCross, "");
        break;
    case 2:
        objSearchRd= objDtv.QueryEx(objSearchGeo,seSpatialQueryMode.scsContaining, "");
        break;
    case 3:
        objSearchRd = objDtv.QueryEx (objSearchGeo, seSpatialQueryMode.scsContainedBy, "");
        break;
    case 4:
        objSearchRd = objDtv. QueryEx (objSearchGeo, seSpatialQueryMode. scsAreaIntersect, "");
        break;
}
//设置样式对象的参数,包括画笔颜色、宽度等
soStyle objStyle= new soStyleClass();
objStyle.PenColor= 2030;
objStyle.PenWidth= 5;
```

```csharp
objStyle.BrushColor=244222;
objStyle.BrushStyle=2;
objStyle.SymbolSize=80;
if (objSearchRd!=null)
{
    //查询结果的记录集条数如果为零,则未找到符合条件的对象
    if (objSearchRd.RecordCount==0)
    {
        MessageBox.Show("没有找到符合条件的对象","提示");
        return;
    }
    //清空跟踪层上原有对象
    soTrackingLayer objTrackingLayer=SuperMap1.TrackingLayer;
    objTrackingLayer.ClearEvents();
    //移动记录集指针到第一条
    objSearchRd.MoveFirst();
    //利用循环体,在跟踪层上绘制所有查询结果所对应的几何对象
    for (int iRecordCount = 1; iRecordCount <= objSearchRd.RecordCount; iRecordCount++)
    {
        soGeometry oGeo=objSearchRd.GetGeometry();
        objTrackingLayer.AddEvent(oGeo, objStyle,"");
        objSearchRd.MoveNext();
        Marshal.ReleaseComObject(oGeo);
        oGeo=null;
    }
    objTrackingLayer.Refresh();
    Marshal.ReleaseComObject(objTrackingLayer);
    objTrackingLayer=null;
}
else
{
    MessageBox.Show("查询失败","提示");
    return;
}
Marshal.ReleaseComObject(objStyle);
objStyle=null;
```

```
Marshal.ReleaseComObject(objSearchRd);
objSearchRd=null;
Marshal.ReleaseComObject(objDtv);
objDtv=null;
Marshal.ReleaseComObject(objLy);
objLy=null;
Marshal.ReleaseComObject(objSearchGeo);
objSearchGeo=null;
}
}
```

启动调试、运行程序,测试实验所实现的空间数据和属性数据的双向查询、基于空间位置关系的查询等功能。具体操作流程限于篇幅,在此不做详细说明。

四、思考与扩展练习

(1)理解几何对象的各种空间位置关系。制作一个通用的空间查询工具,将所有的空间查询模式集成为一个系统,同时将查询到的几何对象的属性显示出来,根据选中的属性数据定位到对应的几何对象。

(2)尝试设计一个空间、属性条件联合查询的例子,例如查询某条河流经过的区域,人口数量超过1 000万的国家有哪些。

第八章 空间对象编辑

一、实验目的

空间数据编辑是保证空间数据正确的重要工作,是空间数据处理的重要环节。长期以来,GIS 软件的图形编辑功能较弱,使得空间数据建库工作往往要混合使用 CAD 软件和 GIS 软件,不仅增加了建库成本,而且延长了项目建设周期。本次实验的目的是使读者了解在 SuperMap 中支持编辑的空间对象,掌握如何利用 SuperMap Objects API 编程实现空间对象的编辑以及基本操作等功能。

二、实验内容与知识点

1. 实验内容

(1)利用 SuperWorkspace、SuperMap 等控件实现添加、修改或删除空间对象等功能。

(2)利用 SuperWorkspace、SuperMap 等控件实现诸如面几何对象的合并与分割、线几何对象连接与打断等空间对象基本操作功能。

2. 知识点

(1)空间对象的编辑可以分成两部分:添加空间对象、修改或删除空间对象。在进行这两部分工作之前要设置当前图层可编辑。添加不同类型的空间对象是通过改变 SuperMap Objects 的操作类型,以对应添加不同类型的空间对象,示范代码如下。

```
SuperMap.Action= scaEditCreateArc //创建弧对象
SuperMap.Action= scaEditCreateBezierCurve   //创建样条曲线
SuperMap.Action= scaEditCreateCircle //创建圆对象
SuperMap.Action= scaEditCreateCurvedText   //创建沿线标注对象
SuperMap.Action= scaEditCreateEllipse //创建椭圆对象
SuperMap.Action= scaEditCreateLinesect //创建直线几何对象
```

```
SuperMap.Action= scaEditCreateObliqueEllipse  //创建斜椭圆对象
SuperMap.Action= scaEditCreateParallelogram  //创建平行四边形对象
SuperMap.Action= scaEditCreatePoint  //创建点对象
SuperMap.Action= scaEditCreatePolygon  //创建多边形对象
SuperMap.Action= scaEditCreatePolyLine  //创建折线几何对象
SuperMap.Action= scaEditCreateRectangle  //创建矩形对象
SuperMap.Action= scaEditCreateRoundRectangle  //创建圆角矩形对象
SuperMap.Action= scaEditCreateText  //创建文本对象
```

执行上述代码之后，我们可以通过鼠标的拖拉在图层上添加空间对象。通常，在添加空间对象之后相应地要进行属性数据的录入工作，SuperMap 开放了一些事件来响应编辑动作，通过这些事件，用户可以监视添加空间对象的动作，使编辑工作流程化，开放的事件如下。

```
SuperMap_ActionChanged  //改变 SuperMap 操作方式时触发
SuperMap_BeforeLayerDraw  //绘制地图之前触发
SuperMap_AfterLayerDraw  //绘制地图之后触发
SuperMap_DrawingCancled  //绘制地图取消时触发
SuperMap_GeometryAdded  //添加空间对象后触发
```

在 SuperMap 中修改或删除空间对象的操作较为简单，选中空间对象，用鼠标直接拖拉，能够改变空间对象的位置，而且在选中空间对象的时候，在这个空间对象的周围会出现 5 个黑色手柄，其中 4 个用来控制图形的大小，拖拉它们可以改变空间对象的尺寸，同时还可以根据需要设置某几个编辑手柄可用或不可用；另一个用于控制角度，拖拉它可以旋转空间对象。如需删除空间对象，只要选中它，按 Delete 键就可以删除了。

（2）在进行地图编辑的时候，还经常需要对多个空间对象进行操作，比如面几何对象的合并，面几何对象的分割，构建岛状多边形，线几何对象连接、打断、炸碎等。为了实现这些功能，SuperMap Objects 在 soGeoLine、soGeoRegion 对象中提供了相应的接口，例如 Union、Intersect 等。而且，还可以利用 soSpatialOperator 空间操作算子来实现空间分析的基本方法，包括克隆、切割、擦除、合并、异或、相交、相减、旋转和调整大小等。此外，在地图编辑工作中经常进行的一类操作是"剪切""复制""粘贴""撤销"和"重做"，SuperMap Objects 提供了 Cut、Copy 等 5 个方法来实现这样的功能。值得注意的是，地图编辑通常是一个持续反复的过程，我们可以利用 soEditHistory 对象来管理整个 SuperMap 地图编辑过程中的动作。在本章节的实验内容中，我们仅针对线和面几何对象自身提供的方法进行编程。

三、实验步骤

1. 应用程序界面设计

启动 Microsoft Visual Studio .NET 2010，打开第七章实验所创建的 MyProject 解决方

案,设计应用程序主界面,步骤简要说明如下。

(1)在菜单栏中添加一级菜单"对象",并为其添加子菜单"对象绘制"和"对象编辑"。具体设计界面如图 8-1 所示。

图 8-1　对象菜单项设计

(2)在工具栏中添加一个工具按钮用来执行地图选择操作,具体设计界面如图 8-2 所示。

图 8-2　选择工具按钮设计

2. 空间对象绘制与编辑功能实现

在 SuperMap Objects 中实现空间对象绘制与编辑功能的流程较为简单。首先,将要编辑的数据集添加到地图窗口,并设为可编辑状态。然后,当执行"对象绘制"菜单项的任意一个时,设置地图动作为相应的对象绘制操作,当几何对象添加完毕后会自动触发 SuperMap 控件的 AfterGeometryAdded 事件,可以在该事件中进行属性数据的录入工作。具体实现代码如下:

```
private void menuDrawPoint_Click(object sender, EventArgs e)
{//添加点对象
SuperMap1.Action= seAction.scaEditCreatePoint;
}
private void menuDrawPolyLine_Click(object sender, EventArgs e)
{//添加折线几何对象
SuperMap1.Action= seAction.scaEditCreatePolyline;
}
private void menuDrawPolygon_Click(object sender, EventArgs e)
{//添加多边形对象
SuperMap1.Action= seAction.scaEditCreatePolygon;
}
```

3. 空间对象运算功能实现

在 SuperMap Objects 中实现空间对象运算功能的流程如下。首先,将要编辑的数据集添加到地图窗口;然后,设置地图动作为选择操作,并选中两个几何对象;最后,执行"对象运算"菜单项下的某个子菜单,在该事件中进行空间对象的运算操作。本实验主要利用线(soGeoLine)对象和面(soGeoRegion)对象自身所提供的接口来实现空间对象的运算演示操作。其实现思路简要概述为:首先,获取地图中所选中的两个几何对象;然后,调用线(soGeoLine)对象的连接(Joint)、面(soGeoRegion)对象的合并(Union)、交集(Intersect)和求差(Difference)等接口,执行空间对象运算;最后,将运算后得到的新对象以特定风格显示在跟踪层上。关于跟踪层的详细使用方法,我们会在第九章中进行深入学习。事实上,如果需要保存空间对象运算的结果,应该更新对象所在的数据集。由于本次实验的目的主要以演示空间对象运算接口的使用为主,因此并没有对空间数据集进行实质的更改。程序的具体实现如下。

工具栏上"选择"按钮的鼠标单击事件处理程序:

```
private void toolSelect_Click(object sender, EventArgs e)
{
SuperMap1.Action= seAction.scaSelectEx;
}
```

"线连接"菜单项的鼠标单击事件处理程序:

```
private void menuLineJoint_Click(object sender, EventArgs e)
{
//获取地图选择集对象
soSelection oSelect= SuperMap1.selection;
soDatasetVector objSelectDtv= oSelect.Dataset;
//确保所选中对象为线几何对象类型
if (objSelectDtv.Type != seDatasetType.scdLine)
{
MessageBox.Show("请选择线数据集中的对象进行线连接","提示");
return;
}
if (oSelect.Count != 2)//确保所选中对象为两条线几何对象
{
MessageBox.Show("请选择两条要连接的线几何对象","提示");
return;
}
//将选择集转为记录集
soRecordset objSelectRd= oSelect.ToRecordset(false);
soGeoLine objGeoLineOne= null;
soGeoLine objGeoLineTwo= null;
if (objSelectRd.RecordCount==2 && objSelectRd!= null)
```

```csharp
{//分别获取所选中的两条线几何对象
objSelectRd.MoveFirst();
objGeoLineOne= (soGeoLine)objSelectRd.GetGeometry();
objSelectRd.MoveNext();
objGeoLineTwo= (soGeoLine)objSelectRd.GetGeometry();
}
//执行线连接操作
bool blnJoint= objGeoLineOne.Joint(objGeoLineTwo);
if (blnJoint)
{
MessageBox.Show("线连接成功","提示");
//设置对象的显示风格
soStyle objLineStyle= new soStyle();
objLineStyle.PenColor= (uint)ColorTranslator.ToOle(Color.Red);//红色
objLineStyle.PenWidth= 6;//画笔宽度
//清除跟踪层上已有对象
soTrackingLayer objTrackingLayer= SuperMap1.TrackingLayer;
objTrackingLayer.ClearEvents();
//将连接后的线几何对象添加到跟踪层上显示
objTrackingLayer.AddEvent((soGeometry)objGeoLineOne, objLineStyle, "");
objTrackingLayer.Refresh();
Marshal.ReleaseComObject(objLineStyle);
objLineStyle= null;
Marshal.ReleaseComObject(objTrackingLayer);
objTrackingLayer= null;
}
else
{
MessageBox.Show("线连接失败","提示");
return;
}
oSelect.RemoveAll();//清除地图选择集
SuperMap1.Refresh();//刷新地图
//释放 COM 对象所占用的资源
Marshal.ReleaseComObject(objGeoLineTwo);
objGeoLineTwo= null;
Marshal.ReleaseComObject(objGeoLineOne);
```

```csharp
objGeoLineOne=null;
Marshal.ReleaseComObject(objSelectRd);
objSelectRd=null;
Marshal.ReleaseComObject(objSelectDtv);
objSelectDtv=null;
Marshal.ReleaseComObject(oSelect);
oSelect=null;
}
```

"面合并""面求交"和"面求差"等菜单项的鼠标单击事件处理程序:

```csharp
private void menuRegionUnion_Click(object sender, EventArgs e)
{
    RegionOperator("Union");
}
private void menuRegionIntersect_Click(object sender, EventArgs e)
{
    RegionOperator("Intersect");
}
private void menuRegionDifference_Click(object sender, EventArgs e)
{
    RegionOperator("Difference");
}
private void RegionOperator(string operation)
{
    //获取地图选择集对象
    soSelection oSelect= SuperMap1.selection;
    soDatasetVector objSelectDtv=oSelect.Dataset;
    //确保所选中对象为面几何对象类型
    if (objSelectDtv.Type!=seDatasetType.scdRegion)
    {
        MessageBox.Show("请选择面数据集中的对象进行操作","提示");
        return;
    }
    if (oSelect.Count!=2)//确保所选中对象为两个面几何对象
    {
        MessageBox.Show("请选择两个要操作的面几何对象","提示");
        return;
    }
```

```
soRecordset objSelectRd= oSelect.ToRecordset(false);
soGeoRegion objGeoRegionOne= null;
soGeoRegion objGeoRegionTwo= null;
//分别获取所选中的两个面几何对象
objSelectRd.MoveFirst();
objGeoRegionOne= (soGeoRegion)objSelectRd.GetGeometry();
objSelectRd.MoveNext();
objGeoRegionTwo= (soGeoRegion)objSelectRd.GetGeometry();
soGeoRegion objNewGeoRegion= null;
switch (operation)
{
case "Union":
//执行面合并操作
objNewGeoRegion= objGeoRegionOne.Union(objGeoRegionTwo);
break;
case "Intersect":
objNewGeoRegion= objGeoRegionOne.Intersect(objGeoRegionTwo);
break;
case "Difference":
objNewGeoRegion= objGeoRegionOne.Difference(objGeoRegionTwo);
break;
default:
break;
}
if (objNewGeoRegion!= null)
{
MessageBox.Show("面合并成功","提示");
//设置对象的显示风格
soStyle objRegionStyle= new soStyle();
objRegionStyle.PenColor= (uint)ColorTranslator.ToOle(Color.Red);
objRegionStyle.BrushColor= (uint)ColorTranslator.ToOle(Color.Green);
objRegionStyle.PenWidth= 6;
//清除跟踪层上已有对象
soTrackingLayer objTrackingLayer= SuperMap1.TrackingLayer;
objTrackingLayer.ClearEvents();
//将合并后的面几何对象添加到跟踪层上显示
objTrackingLayer.AddEvent((soGeometry)objNewGeoRegion, objRegionStyle, "");
```

```
objTrackingLayer.Refresh();
Marshal.ReleaseComObject(objRegionStyle);
objRegionStyle= null;
Marshal.ReleaseComObject(objTrackingLayer);
objTrackingLayer= null;
}
else
{
MessageBox.Show("面合并失败","提示");
return;
}
oSelect.RemoveAll();//清除地图选择集
this.SuperMap1.Refresh();//刷新地图
//释放 COM 对象所占用的资源
Marshal.ReleaseComObject(objGeoRegionTwo);
objGeoRegionTwo= null;
Marshal.ReleaseComObject(objGeoRegionOne);
objGeoRegionOne= null;
Marshal.ReleaseComObject(objSelectRd);
objSelectRd= null;
Marshal.ReleaseComObject(objSelectDtv);
objSelectDtv= null;
Marshal.ReleaseComObject(oSelect);
oSelect= null;
}
```

启动调试、运行程序,测试实验所实现的空间对象绘制、运算等功能。具体操作流程限于篇幅,在此不做详细说明。

四、思考与扩展练习

(1)本章实验内容主要侧重实现空间对象的几何特征编辑,事实上针对空间对象的属性数据编辑也是 GIS 系统中经常需要进行的任务。编辑属性数据库有两部分内容:第一是修改属性数据库的结构;第二是修改属性数据库中的数据。在 SuperMap Objects 中,与编辑属性数据有关的对象主要包括 SuperMap Objects soDatasetVector、soRecordset、soFieldInfo 和 soFieldInfos。请自行学习帮助文档内容,思考并探索如何在实验程序基础上,实现编辑空间对象的属性信息。

（2）众所周知，计算机达到的制图精度是手工控制无法比拟的。在地图编辑过程中，智能捕捉是提高空间对象编辑效率与准确性的功能之一。SuperMap Objects 提供了内容丰富的地图捕捉功能，以便在制图过程中可以轻松地完成一些比较复杂的特定操作。在实际操作时，我们可用 SuperMap Objects 提供的捕捉对话框自由设置捕捉选项，并可对各选项设置优先级。当待画点与已有像素点重合，待画线段与已有线段平行、垂直，落在已有线段上或其延长线上，自身水平、垂直等特性得到满足时，系统以图标方式智能提示用户。请思考并探索如何在实验程序基础上，利用智能捕捉功能提高空间对象编辑的效率与准确性。

第九章 跟踪层应用

一、实验目的

在 GIS 应用系统中,经常需要进行动态目标的显示与跟踪,例如对物流运输车辆的运行轨迹进行实时监控等。在 SuperMap Objects 地图窗口中,有一个特殊图层叫作跟踪图层(soTrackingLayer)。跟踪图层是在内存中创建的一个层,其上的全部对象都保存在内存中,并不对应任何数据源中的数据集,图层中的地理对象都是临时存在的。跟踪图层始终位于地图窗口的最上层,它的最大特点是图形刷新速度快,因此,跟踪图层为动态目标的显示与跟踪提供了接口。另外,跟踪图层可以管理一些临时产生的几何对象,例如进行标注距离量测的线段,进行面积量测时产生的多边形及随机产生的临时点等。为此,本次实验的目的就是使读者掌握利用 SuperMap Objects API 编程实现在跟踪层上显示、移动与删除几何对象等动态目标管理功能。

二、实验内容与知识点

1. 实验内容

(1)利用 SuperWorkspace、SuperMap 等控件实现在跟踪图层上添加、移动、删除空间对象等功能。

(2)利用 SuperWorkspace、SuperMap 等控件实现在跟踪图层上动态移动实例以及闪烁实例等带有动画效果的程序功能。

2. 知识点

每个 SuperMap Objects 的地图窗口都有一个跟踪图层,可以通过访问 SuperMap 控件的属性来获取跟踪图层对象:

```
soTrackingLayer objTrackingLayer= SuperMap.TrackingLayer;
```

在跟踪图层上所显示的空间对象(soGeometry)又称为实例(soGeoEvent),想要实现动态目标的显示以及管理临时空间对象等功能,都要通过在跟踪图层上添加实例(soGeoEvent)来完成。跟踪图层对象与 SuperMap 的对象关系如图 9-1 所示。

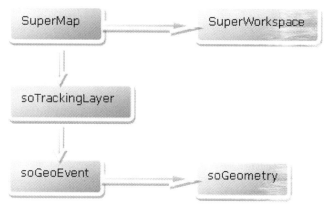

图 9-1　跟踪图层对象与 SuperMap 的对象关系图

在跟踪图层上添加实例（点、线、面和文本等）的方法为 AddEvent，其使用语法为：soTrackingLayer. AddEvent(soGeometry objGeometry, soStyle objStyle, string strTag)。其中，参数 objGeometry 指的是要添加到跟踪图层上的空间对象，可以是点、线、面等几何对象，参数 objStyle 用来设置实例的显示风格，参数 strTag 用来标识当前实例，相当于关键字，通过关键字或索引可以访问该实例。点、线、面 3 种几何对象的风格都由 soStyle 对象来统一设置，文本对象本身带有风格，因此在添加文本对象的时候，添加方法跟添加其他对象的方法一样，但不需要设置 soStyle 的参数。

跟踪图层的另一个应用场合是实现关注目标的动态跟踪，这种应用场合通常需要 SuperMap 窗口上的实例能够根据真实目标的移动来动态显示，即时报告目标的当前位置。SuperMap 的 soGeoEvent 对象自身提供了两种移动方法：

　　soGeoEvent.Move(double x, double y)
　　soGeoEvent.MoveTo(double x, double y)

Move 方法是相对于现在的位置在 X 和 Y 方向上相对移动的距离，用的是相对距离概念。MoveTo 方法是把实例移动到 X、Y 坐标点上，是一种绝对的位置移动，用的是绝对距离概念。

在实际应用中，GIS 系统要求的是所关注目标的动态移动，即连续的移动。SuperMap Objects 本身没有提供这种方法。但是在可视化编程环境中，一般都提供了时间控件或类，结合时间控件或类就能开发出动态移动功能。

SuperMap Objects 提供了两种删除实例的方法，包括删除指定实例和删除全部实例。删除指定实例不区分实例的类型，只要给定实例的索引号或标识名（添加实例时给定的 Tag），使用方法如下：

　　soTrackingLayer.RemoveEvent(string Tag);

删除全部实例将从跟踪图层上清除掉所有的临时对象，不区分实例的类型，恢复跟踪图

层原来的面貌,使用方法如下:

```
soTrackingLayer.ClearEvents();
```

在跟踪图层上添加或删除实例后,需要刷新跟踪图层。跟踪图层有两种刷新方法,包括 soTrackingLayer.Refresh 和 soTrackingLayer.RefreshEx。Refresh 用来刷新整个跟踪图层,RefreshEx 仅刷新当前时刻发生位置变化的对象,避免整个跟踪图层的闪动。事实上,SuperMap 控件的刷新方法也刷新了跟踪图层,但是该方法针对地图窗口中所有图层及跟踪图层都进行刷新操作,而跟踪图层的刷新只局限于跟踪图层,其他的图层都不刷新。因此,跟踪图层的刷新速度比 SuperMap 自身的刷新要快得多。值得注意的是,跟踪图层是一个暂放临时实例的图层,它上面的实例在结构上比相应的几何对象要简单得多,需要的暂时存储内存很小,加上跟踪图层的高速刷新,因此在设计 GPS 应用系统时,基本可以不考虑实例数目和刷新速度问题。

SuperMap 控件开放了一些进行跟踪图层操作的事件,针对这些事件编程,可以实现内容丰富的动态目标移动、闪烁等功能,这些事件包括:

```
AfterTrackingLayerDraw//绘制跟踪图层之后触发
BeforeTrackingLayerDraw//绘制跟踪图层之前触发
Tracking//内存中绘制对象过程中触发
Tracked//内存中绘制对象结束后触发
```

三、实验步骤

1. 应用程序界面设计

启动 Microsoft Visual Studio .NET 2010,打开第八章实验所创建的 MyProject 解决方案,设计应用程序主界面,步骤简要说明如下。在菜单栏中添加一级菜单"跟踪图层",并为其添加子菜单"添加实例""移动实例"和"对象跟踪""对象闪烁"和"停止动画","对象跟踪"下又增加 3 个子菜单项"画线跟踪""画面跟踪"和"指定对象跟踪"。具体设计界面如图 9-2 所示。

图 9-2　跟踪图层菜单项设计

在工具栏上新增两个工具按钮"量算距离"和"量算面积"。具体设计界面如图 9-3 所示。

图 9-3　量算工具栏按钮设计

2. 添加实例和移动实例功能实现

1) 添加实例

在 SuperMap 的跟踪图层上添加实例的流程较为简单,在此为了简化实验内容,只针对点实例的操作进行实现。由于之前实验的部分内容也需要在 Tracked 事件中进行处理,因此为了区分不同的功能代码,首先,需要在 Form1 中定义一个布尔类型的全局变量 addGeoEvent。然后,将数据集添加到地图窗口显示。接着,执行"添加实例"菜单项,设置地图动作为在跟踪图层上绘制点操作,当跟踪层对象绘制动作完毕后会自动触发 SuperMap 控件的 Tracked 事件。最后,在该事件中进行实例的显示。具体功能实现如下。

定义全局变量用来指示执行添加实例:

```
bool addGeoEvent= false;
```

在"添加实例"菜单项的 Click 事件处理程序中,为 addGeoEvent 变量赋值为 true,并设置地图动作为在跟踪层上绘制点。具体代码为:

```
private void menuAddGeoEvent_Click(object sender, EventArgs e)
{
    addGeoEvent= true;
    SuperMap1.Action= seAction.scaTrackPoint;
}
```

在 SuperMap1_Tracked 事件处理程序中,新增 else if 分支,在该分支中实现在跟踪层上添加实例的功能。具体代码为:

```
private void SuperMap1_Tracked(object sender, EventArgs e)
{
    if (spatialQuery== true)
    {
        //此处为空间查询功能代码,为了节省篇幅,在此省略,详细代码可以参见第七章实验内容;
        ……
    }
    else if (addGeoEvent== true)
    {
```

```
soGeoPoint objGeoPoint=null;//定义点对象
soGeometry curGeometry;//定义空间对象变量
soStyle objStyle=new soStyle();//定义风格变量
soTrackingLayer objTrackingLayer;//定义跟踪图层对象
curGeometry=SuperMap1.TrackedGeometry;//获取在内存中绘制的空间对象
if (curGeometry.Type==seGeometryType.scgPoint)
{
objGeoPoint=(soGeoPoint)curGeometry;//赋值给点对象
}
if (objGeoPoint!=null) //点对象不为空
{//设置风格对象,用来控制点对象的显示风格
objStyle.PenColor=(uint)ColorTranslator.ToOle(Color.Red);
objStyle.SymbolSize=100;
objStyle.SymbolStyle=1;
objTrackingLayer=SuperMap1.TrackingLayer;//获取跟踪图层对象
objTrackingLayer.AddEvent((soGeometry)objGeoPoint, objStyle, "Point1");//增加点实例
objTrackingLayer.Refresh();//刷新跟踪图层
}
}
```

2) 移动实例

接下来,我们在添加实例的基础上实现移动实例功能。首先,为了区分添加实例和移动实例功能,定义全局变量 moveGeoEvent 用来指示执行移动实例:

```
bool moveGeoEvent=false;
```

然后,在"移动实例"菜单项的 Click 事件处理程序中,为变量 moveGeoEvent 和 addGeoEvent 分别赋值为 true 和 false,并设置地图动作为无操作,最后启动定时器组件,通过定时器来实现自动重复移动实例功能。具体实现代码为:

```
private void menuMoveGeoEvent_Click(object sender, EventArgs e)
{
    moveGeoEvent=true;
    addGeoEvent=false;
    SuperMap1.Action=seAction.scaNull;
    timer1.Interval=300;
    timer1.Start();
}
```

最后,在 Timer1 控件的 Tick 事件中,通过实例的标识名来获取该对象的引用,并调用

第九章 跟踪层应用

Move 方法改变实例的位置,最后刷新跟踪图层来实现移动实例的动画效果。具体实现代码为:

```
private void timer1_Tick(object sender, EventArgs e)
{
        if (moveGeoEvent==true)
        {
        soGeoEvent objGeoEvent; //定义点实例对象变量
        //通过实例的标识名来引用它
        objGeoEvent= SuperMap1.TrackingLayer.get_Event("Point1");
        if (objGeoEvent!=null)
        {
        objGeoEvent.Move(50000.0, 50000.0); //点实例右移50000 地理单位,上移50000 地理单位
        SuperMap1.TrackingLayer.RefreshEx(); //刷新跟踪图层
        }
    }
}
```

3. 动态跟踪功能实现

动态跟踪功能分为三部分,包括:画线跟踪、画面跟踪和指定对象跟踪。下面来看"画线跟踪"菜单项功能的实现过程。首先,设置 SuperMap 的 Action 为在跟踪图层上绘制一根折线;然后,在 SuperMap1 的 Tracked 事件中获取该折线,并把该折线重新采样,进行 60 等分;最后,在时间控件的 Tick 事件里依次在折线的每一个节点上显示一个点实例,模拟画线的路径,从而完成点的动态移动跟踪效果。"画面跟踪"和"指定对象跟踪"两个菜单项功能的实现与"画线跟踪"菜单项的功能实现几乎相同,不同的地方在于"画面跟踪"需要将在跟踪图层上绘制的多边形对象转为线对象,而"指定对象跟踪"则直接获取所选中线对象或面对象的边界即可。

"画线跟踪"菜单项的 Click 事件处理程序:

```
private void menuTrackByPolyLine_Click(object sender, EventArgs e)
{
    SuperMap1.TrackingLayer.ClearEvents(); //清空跟踪层上已有对象
    SuperMap1.TrackingLayer.Refresh(); //刷新跟踪层
    GeoTracking=true; //设置布尔变量值为真以指示进行对象跟踪操作
    //设置地图动作为在跟踪层上绘制折线
    SuperMap1.Action= seAction.scaTrackPolyline;
}
```

"画面跟踪"菜单项的 Click 事件处理程序：

```csharp
private void menuTrackByPolygon_Click(object sender, EventArgs e)
{
    SuperMap1.TrackingLayer.ClearEvents();//清空跟踪层上已有对象
    SuperMap1.TrackingLayer.Refresh();//刷新跟踪层
    GeoTracking=true;//设置布尔变量值为真以指示进行对象跟踪操作
    //设置地图动作为在跟踪层上绘制多边形
    SuperMap1.Action=seAction.scaTrackPolygon;
}
```

"指定对象跟踪"菜单项的 Click 事件处理程序：

```csharp
private void menuTrackBySelGeometry_Click(object sender, EventArgs e)
{
    GeoTracking=true;//设置变量值为真以指示进行对象跟踪操作
    GeoBlink=false;
    queryByMap=false;
    SuperMap1.TrackingLayer.ClearEvents();//清空跟踪层上已有对象
    SuperMap1.TrackingLayer.Refresh();//刷新跟踪层
    SuperMap1.Action=seAction.scaSelect;//设置地图动作为选择
}
```

在 SuperMap1 的 Tracked 事件中，新增 else if 分支。在该分支中，首先，获取在跟踪图层上所绘制的几何对象。然后，对几何对象进行重采样操作。如果几何对象是折线类型，直接进行重采样。如果是多边形类型，则将其转为线对象后再进行重采样。最后，保存重采样后所有断点的集合，并启动定时器。具体实现代码为：

```csharp
private void SuperMap1_Tracked(object sender, EventArgs e)
{
    if (spatialQuery==true)
    {
        //此处为空间查询功能代码，为了节省篇幅，在此省略，详细代码可以参见第七章实验内容；
        ……
    }
    else if (addGeoEvent==true)
    {
        //此处为添加实例功能代码，为了节省篇幅，在此省略，详细代码可以参见前文实验内容；
        ……
    }
    else if (GeoTracking==true)
    {
```

第九章　跟踪层应用

```csharp
//定义线对象的长度变量
double dLength= 0;
//获取在跟踪层上绘制的几何对象
soGeometry objGeo= SuperMap1.TrackedGeometry;
//几何对象类型为线对象时
if (objGeo.Type== seGeometryType.scgLine)
{
objGeoLine= (soGeoLine)objGeo;
}
//几何对象类型为面对象时
else if (objGeo.Type== seGeometryType.scgRegion)
{
objGeoRegion= (soGeoRegion)objGeo;
//将面对象转为线对象
objGeoLine= objGeoRegion.ConvertToLine();
}
//获取线对象的长度
dLength= objGeoLine.Length;
//将线对象按照60等分进行重采样
objNewLine= objGeoLine.ResampleEquidistantly(dLength / 60);
//重采样后的线对象不为空,则启动定时器开始模拟跟踪
if (objNewLine!= null)
{
//获取线对象的第1个子对象,即获取所有断点的集合
objTrackPoints= objNewLine.GetPartAt(1);
//模拟跟踪效果的点的位置编号设置为1
CurrentPoint= 1;
//定时器间隔设置为500ms
timer1.Interval= 500;
//启动定时器
timer1.Start();
}
//重采样后的线对象为空
else
{
    MessageBox.Show("线对象为空,重采样失败!", "提示");
    return;
}
}
```

在 Timer1 控件的 Tick 事件中,新增 else if 分支,通过依次在折线的每一个节点上显示一个点实例,模拟画线的路径,从而实现点的动态跟踪动画效果。具体实现代码为:

```
private void timer1_Tick(object sender, EventArgs e)
{
    if (moveGeoEvent==true)
    {
        //移动实例功能实现代码,因篇幅限制,在此不再赘述;
        ……
    }
    else if (GeoTracking==true) //对象跟踪
    {
        //用来模拟跟踪效果的点集合不为空
        if (objTrackPoints!=null)
        {
            //如果点集合的总数大于当前显示点的位置编号,说明未跟踪到线对象的末尾,则继续进行跟踪模拟;
            if (objTrackPoints.Count>CurrentPoint)
            {
                //定义 NewPoint 点对象
                soGeoPoint NewPoint=new soGeoPoint();
                //定义样式对象
                soStyle PointStyle=new soStyle();
                //设置样式对象的参数,包括画笔颜色、符号类别等;
                PointStyle.PenColor= (uint)ColorTranslator.ToOle(Color.Blue);
                PointStyle.SymbolSize=50;
                PointStyle.SymbolStyle=14;
                //设置 NewPoint 点对象的坐标为当前应该显示的端点位置
                NewPoint.x=objTrackPoints[CurrentPoint].x;
                NewPoint.y=objTrackPoints[CurrentPoint].y;
                //清空跟踪层上已有对象
                SuperMap1.TrackingLayer.ClearEvents();
                //添加之前在跟踪层上绘制的线对象
                objMainStyle.PenColor= (uint)ColorTranslator.ToOle(Color.Yellow);
                SuperMap1.TrackingLayer.AddEvent((soGeometry)objGeoLine, objMainStyle, "");
                //添加点对象
                SuperMap1.TrackingLayer.AddEvent((soGeometry)NewPoint, PointStyle, "");
                //刷新跟踪层
```

第九章　跟踪层应用

```
            SuperMap1.TrackingLayer.Refresh();
            //当前显示点的位置编号计数加 1
            CurrentPoint++;
            //释放 com 对象资源
            Marshal.ReleaseComObject(NewPoint);
            NewPoint=null;
            Marshal.ReleaseComObject(PointStyle);
            PointStyle=null;
        }
        else//如果用来模拟跟踪效果的点集合为空,则说明重采样失败,不实现模拟跟踪效果
        {
            SuperMap1.TrackingLayer.ClearEvents();
            SuperMap1.TrackingLayer.Refresh();
            timer1.Stop();
        }
    }
}
```

4. 对象闪烁及量算功能实现

对象闪烁功能的实现思路为在时间控件 Timer1 的 Tick 事件中交替重复执行在跟踪图层上添加和删除实例的操作,当添加和删除实例动作之间的时间间隔较短时,即可在人眼视角中形成对象闪烁的动画模拟效果。事实上,本章实验的内容也都利用了这个动画效果的基本原理。具体实现代码为:

```
private void timer1_Tick(object sender, EventArgs e)
{
    if (moveGeoEvent==true)
    {
        //移动实例功能实现代码,因篇幅限制,在此不再赘述;
        ……
    }
    else if (GeoTracking==true)
    {
        //对象跟踪功能实现代码,因篇幅限制,在此不再赘述;
        ……
    }
    else if (GeoBlink==true)
    {
```

```csharp
//闪烁的次数大于10次,停止闪烁
if (gintTime>10)
{
    SuperMap1.TrackingLayer.Refresh();
    timer1.Enabled=false;
    timer1.Stop();
    gintTime=0;
    Marshal.ReleaseComObject(gobjGeom);
    gobjGeom=null;
}
else
{
    //跟踪层上通过重复进行添加、删除操作来模拟闪烁动画效果
    if (gbTemp==true)
    {
        //设置样式对象的参数,包括画笔颜色、符号类别等;
        gobjStyle.PenColor= (uint)ColorTranslator.ToOle(Color.Yellow);
        gobjStyle.BrushColor= (uint)ColorTranslator.ToOle(Color.Red);
        SuperMap1.TrackingLayer.AddEvent(gobjGeom, gobjStyle,null);
        SuperMap1.TrackingLayer.Refresh();
        gintTime++;
    }
    else if (gbTemp==false)
    {
        SuperMap1.TrackingLayer.ClearEvents();
        SuperMap1.TrackingLayer.Refresh();
    }
}
//改变间隔变量的值
if (gbTemp==true)
{
    gbTemp=false;
}
else
{
    gbTemp=true;
}
}
```

"量算距离"和"量算面积"两个量算工具的功能实现较为简单。首先,执行相应菜单项时,设置地图动作为在跟踪图层上绘制折线和多边形。然后,对象绘制过程中会自动触发SuperMap1控件的Tracking事件。最后,在该事件中读取相应事件参数值即可。具体实现代码为:

```
private void toolMeasureDistance_Click(object sender, EventArgs e)
{
    measureTool= true;
    SuperMap1.Action= seAction.scaTrackPolyline;
}
private void toolMeasureArea_Click(object sender, EventArgs e)
{
    measureTool= true;
    SuperMap1.Action= seAction.scaTrackPolygon;
}
private void SuperMap1_Tracking(object sender, AxSuperMapLib._DSuperMapEvents_TrackingEvent e)
{
    if (measureTool==true)
    {
        statusLabel.Text="当前长度为:"+e.dCurrentLength+",总长度为:"
            + e.dTotalLength+",面积为:"+e.dTotalArea;
    }
}
```

最后,在"停止动画"菜单项中,停止定时器控件并清空跟踪图层上已有对象,具体实现代码为:

```
private void menuStopAnimation_Click(object sender, EventArgs e)
{
    timer1.Stop();
    SuperMap1.TrackingLayer.ClearEvents();
    SuperMap1.TrackingLayer.Refresh();
}
```

启动调试、运行程序,测试实验所实现的添加和移动实例、动态跟踪以及对象闪烁等功能。具体操作流程限于篇幅,在此不做详细说明。

四、思考与扩展练习

(1)本章实验内容示范了跟踪图层的简单应用操作。跟踪图层是在内存中的临时图层,与一般图层的区别较大,有着其适用的应用场景。请读者思考并总结,跟踪图层通常适用于哪些场景的应用?

(2)本章实验内容主要实现了跟踪图层中几何对象的添加与删除操作,当关闭程序后这些几何对象也相应不复存在。此外,实验程序并未针对几何对象本身进行选择或读取属性信息等操作。请读者通过查阅相关资料,思考并探索如何在实验程序基础上,实现选中跟踪图层上的几何对象,读取跟踪图层上几何对象的属性信息以及保存跟踪图层的几何对象到数据集中等功能。

第十章 空间分析(1)

一、实验目的

GIS 与各种管理信息系统的重要差别就是 GIS 中存储有地理对象的空间信息——位置信息和拓扑信息,而与传统 CAD 的主要区别是 GIS 能够处理各种拓扑关系和进行自己特有的空间分析。因此,空间分析是 GIS 区别于一般管理信息系统的核心能力所在。SuperMap Objects 提供的空间查询种类多达 100 多种,空间分析则包括基于矢量的几何分析、缓冲分析、叠加分析、网络分析等基本空间分析功能。基于栅格的空间分析包括栅格建模、镶嵌、矢量栅格转换、栅格代数运算、统计分析、内插表面、距离分析等。除此之外,SuperMap Objects 还提供更高级专业的分析功能,如网络分析中的资源分配、选址分区、物流配送、追踪分析功能。为此,空间分析实验的目的就是使读者掌握利用 SuperMap Objects API 编程实现基本几何运算、缓冲区分析、叠加分析、网络分析以及栅格数据分析等空间分析功能。本章实验内容属于空间分析实验的第一部分。

二、实验内容与知识点

1. 实验内容

(1)利用 SuperWorkspace、SuperMap 等控件实现缓冲区分析功能。
(2)利用 SuperWorkspace、SuperMap 等控件实现叠加分析功能。

2. 知识点

缓冲区分析是用来确定不同地理要素的空间邻近性和邻近程度的一类重要的空间操作,是根据指定的距离在点、线和多边形实体周围自动建立一定宽度的区域范围的分析方法。例如,在公共服务设施规划中,针对垃圾填埋或焚烧处理站等邻避设施的选址,经常需要在其周围划出一定范围的区域作为非居住区等。SuperMap Objects 可以为其支持的全部类型的空间对象作缓冲区分析,例如点、线、面、圆等空间对象,而且缓冲区的类型比较丰富,按照缓冲区的对称情况分为等边和不等边两种类型,按照平滑情况分为圆头和平头两种类型。另外在实际工程应用中除了需要对单个对象作缓冲区分析,还经常要为一组对象进行缓冲区分析生成一个或多个缓冲区,在 SuperMap Objects 中同样提供了相应的方法。在 SuperMap Objects 中提供两个方法来实现缓冲区分析:Buffer 和 Buffer2。

  叠加分析也是 GIS 中的一项非常重要的空间分析功能,它是基于两个或两个以上的图层来进行空间逻辑的交、并、差运算,并对叠加范围内的属性进行分析评定。所涉及的图层中,至少有一个图层是多边形图层,称为基本图层,其他图层则可能是点、线或多边形图层。SuperMap Objects 提供了一个独立的对象专门进行叠加分析,即 soOverlayAnalyst。该对象叠加分析类型有 Clip、Erase、Union、Intersect、Identity、SymmetricDifference、Update、GridErase、GridIdentity、GridUnion 等。叠加分析对象创建之后,直接设置所需叠加分析的参数即可,使用起来较为灵活和高效。soOverlayAnalyst 对象进行的是数据集之间全部对象的整体叠加分析。实际上,SuperMap Objects 中的众多几何对象也有进行单个对象叠加运算的方法。当不必对所有对象进行叠加分析时,可采用调用几何对象本身的叠加运算方法。叠加分析对象的接口说明见表 10-1。

表 10-1 叠加分析对象的接口说明

接口	说明
InFieldNames	返回/设置源数据集中需要保留的字段名称集合
OpFieldNames	返回/设置操作数据集中需要保留的字段名称集合
ShowProgress	返回/设置叠加分析时是否显示进程条,默认为 True
Tolerance	返回/设置叠加分析的容限值
Clip	裁剪矢量数据集
ClipCAD	面裁剪 CAD 数据集
Erase	用于对数据集进行擦除方式的叠加分析,将第一个数据集中包含在第二个数据集内的对象裁剪并删除。结果数据集中仅保留第一个数据集的用户定义字段,其他系统字段则在擦除之后自动更新
GridClip	裁剪 Grid 数据集
GridErase	擦除 Grid 数据集
GridIdentity	进行栅格数据的同一运算,请参照 Identity 方法
GridUnion	进行栅格数据的合并,请参照 Union 方法

续表 10-1

接口	说明
Identity	用于对数据集进行同一方式的叠加分析。同一运算就是第一数据集与第二数据集先求交,然后求交结果再与第一数据集求并的一个运算。其中,第二数据集的类型必须是面,第一数据集的类型可以是点、线、面、路由数据集。如果第一个数据集为点数集,则新生成的数据集中保留第一个数据集的所有对象;如果第一个数据集为线数据集,则新生成的数据集中保留第一个数据集的所有对象,但是把与第二个数据集相交的对象在相交的地方打断;如果第一个数据集为面数据集,则结果数据集保留以第一数据集为控制边界之内的所有多边形,并且把与第二数据集相交的对象在相交的地方分割成多个对象
Intersect	用于对数据集进行求交方式的叠加分析。两个数据集中重叠的部分将被输出到结果数据集中,其余部分将被排除。第一数据集的类型可以是点类型、线类型和面类型,第二数据集必须是面类型。第一数据集的特征对象(点、线和面)在与第二数据集中的多边形相交处被打断(点对象除外),打断结果被输出到结果数据集中
SymmetricDifference	用于对两个面数据集进行对称差方式的叠加分析,即交集取反运算
Union	用于对两个面数据集进行合并方式的叠加分析,结果数据集中保存 objInDataset 和 objUnionDataset 中的全部对象,并且对相交部分进行求交和分割运算
Update	用于对面数据集进行区域更新

三、实验步骤

1. 应用程序界面设计

启动 Microsoft Visual Studio .NET 2010,打开第九章实验所创建的 MyProject 解决方案,设计应用程序主界面,步骤简要说明如下。在菜单栏中添加一级菜单"空间分析",并为其添加子菜单"缓冲区分析"和"叠加分析","叠加分析"下又增加 2 个子菜单项"裁剪"和"擦除"。具体设计界面如图 10-1 所示。

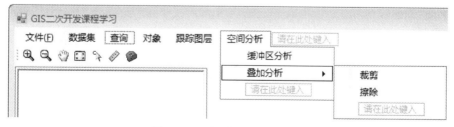

图 10-1 空间分析菜单项设计

新建一个窗体,用来保存叠加分析的结果数据集。该窗体界面非常简单,只包括 1 个

Label控件，1个TextBox控件，2个Button控件，具体设计界面如图10-2所示。

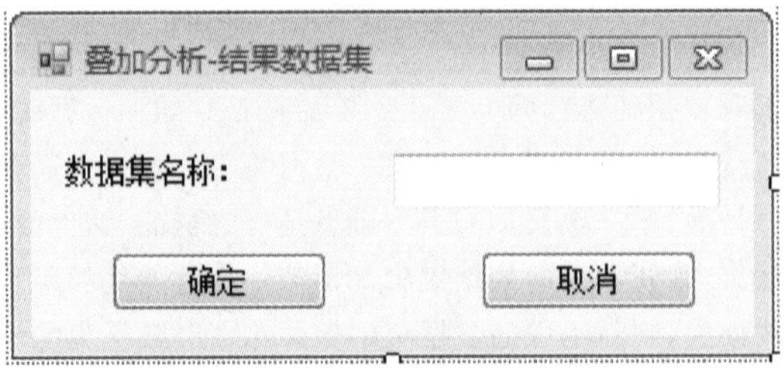

图10-2 叠加分析结果窗体设计

2. 缓冲区分析功能实现

实现缓冲区分析的流程较为简单，在此为了简化实验内容，只针对单个几何对象的缓冲区操作进行实现。首先，需要设置缓冲区分析菜单的Enable属性为false，只有当选中几何对象之后才设置缓冲区分析菜单为可用状态。这步操作可以在SuperMap控件的GeometrySelected事件中针对选择集的数量进行判断从而实现。当选中几何对象后，执行"缓冲区分析"菜单项。在该菜单项的Click事件中，获取地图的选择集并转为记录集，利用循环结构依次获取每条记录对应的几何对象，然后调用Buffer方法来创建缓冲区。在此，为了演示两种不同的创建缓冲区的方式，根据几何对象的类型，分别示范了调用对象自身的Buffer或者通过SpatialOperator的Buffer2方法来创建缓冲区。最后，添加缓冲区对象到跟踪图层上以显示缓冲区分析的结果。具体功能实现如下。

在GeometrySelected事件中设置空间分析菜单的可用状态：

```
private void SuperMap1_GeometrySelected(object sender,
AxSuperMapLib._DSuperMapEvents_GeometrySelectedEvent e)
{
    soSelection objSelect= SuperMap1.selection;
    if (objSelect.Count!=0)
    {
        menuBufferAnalysis.Enabled= true;
    }
    else
    {
        menuBufferAnalysis.Enabled= false;
    }
    …//其余代码省略
}
```

"缓冲区分析"菜单项的Click事件处理程序：

```csharp
private void menuBufferAnalysis_Click(object sender, EventArgs e)
{
    //定义式样变量用来设置几何对象显示风格
    soStyle objStyle= new soStyleClass();
    objStyle.BrushStyle= 2;
    objStyle.BrushBackTransparent= true;
    objStyle.PenColor= (uint)ColorTranslator.ToOle(Color.Blue);
    objStyle.PenWidth= 20;
    objStyle.BrushColor= (uint)ColorTranslator.ToOle(Color.DarkRed);
    soTrackingLayer objTrackingLayer= SuperMap1.TrackingLayer;
    soSelection objSelect= SuperMap1.selection;//获取选择集
    soRecordset objSelectRd= objSelect.ToRecordset(true);//选择集转为记录集
    objSelectRd.MoveFirst();//移动记录集指针到第一条记录
    soGeoRegion objBufferRegion= null;
    objTrackingLayer.ClearEvents();//清空跟踪图层上已有对象
    //利用循环结构,为所选中的每个几何对象创建缓冲区
    for (int iRecordCount = 1; iRecordCount < = objSelectRd.RecordCount; iRecordCount++)
    {
        soGeometry objSelectGeo= objSelectRd.GetGeometry();//获取当前记录对应的几何对象
        if (objSelectGeo.Type= = seGeometryType.scgPoint)
        {//几何对象类型为点对象时,调用对象自身的 Buffer 创建缓冲区
            soGeoPoint objGeoPoint= (soGeoPoint)objSelectGeo;
            objBufferRegion= objGeoPoint.Buffer(500, 50);
            Marshal.ReleaseComObject(objGeoPoint);
            objGeoPoint= null;
        }
        else if (objSelectGeo.Type= = seGeometryType.scgLine)
        {//几何对象类型为线对象时,调用 SpatialOperator 的 Buffer2 创建缓冲区
            soGeoLine objGeoLine= (soGeoLine)objSelectGeo;
            objBufferRegion= objGeoLine.SpatialOperator.Buffer2(500, 1000, 50);
            Marshal.ReleaseComObject(objGeoLine);
            objGeoLine= null;
        }
        else if (objSelectGeo.Type= = seGeometryType.scgRegion)
        {//几何对象类型为面对象时
```

```
            soGeoRegion objGeoRegion= (soGeoRegion)objSelectGeo;
            objBufferRegion= objGeoRegion.Buffer(500, 50);
            Marshal.ReleaseComObject(objGeoRegion);
            objGeoRegion= null;
        }
        if (objBufferRegion! = null)
        {//添加缓冲区对象到跟踪图层上
            objTrackingLayer.AddEvent((soGeometry)objBufferRegion, objStyle, "");
            Marshal.ReleaseComObject(objBufferRegion);
            objBufferRegion= null;
        }
        Marshal.ReleaseComObject(objSelectGeo);
        objSelectGeo= null;
        objSelectRd.MoveNext();//移动记录集指针到下一条记录
    }
    objTrackingLayer.Refresh();//刷新跟踪图层,显示缓冲区
    //释放 COM 对象占用的内存资源
    Marshal.ReleaseComObject(objSelectRd);
    objSelectRd= null;
    Marshal.ReleaseComObject(objSelect);
    objSelect= null;
    Marshal.ReleaseComObject(objStyle);
    objStyle= null;
    Marshal.ReleaseComObject(objTrackingLayer);
    objTrackingLayer= null;
}
```

3. 叠加分析功能实现

与缓冲区分析相比,实现叠加分析的流程相对复杂一些。因为叠加分析的具体操作种类较多,在此为了简化实验内容,只针对裁剪和擦除两种操作进行实现。由于本次实验的内容也需要在 SuperMap1_Tracked 事件中进行处理,因此为了区分与之前实验内容的功能代码,需要在 Form1 中定义一个布尔类型的全局变量 Overlay。同时,为了区分裁剪和擦除功能,定义一个整型全局变量 overlayAction。首先,执行"叠加分析"中的"裁剪"或"擦除"菜单项,设置 Overlay 变量的值为 true,并设置地图动作为在跟踪层上绘制多边形几何对象。然后,当在跟踪层上绘制完多边形后,会自动触发 SuperMap1 控件的 Tracked 事件。在 SuperMap1_Tracked 事件中,首先,显示保存叠加分析结果数据集的窗体,在该窗体中设置结果数据集的

名称，并在"确定"按钮的 Click 事件中进行数据集名称合法性检查。然后，确认数据集名称合法后，则调用数据源对象的 CreateDataset 方法创建一个新的数据集用来保存叠加分析的结果。接着，根据 overlayAction 变量值的不同，调用叠加分析对象（soOverlayAnalyst）的 Clip 和 Erase 方法来分别实现裁剪和擦除操作，操作成功后的结果保存在之前新建的结果数据集中，并刷新工作空间管理器以显示结果数据集。具体功能实现如下。

"裁剪"菜单项的 Click 事件处理程序：

```
private void menuClipAnalysis_Click(object sender, EventArgs e)
{
    Overlay=true;
    spatialQuery=false;
    addGeoEvent=false;
    GeoTracking=false;
    overlayAction=1;
    SuperMap1.Action=seAction.scaTrackPolygon;
}
```

"擦除"菜单项的 Click 事件处理程序：

```
private void menuEraseAnalysis_Click(object sender, EventArgs e)
{
    Overlay=true;
    spatialQuery=false;
    addGeoEvent=false;
    GeoTracking=false;
    overlayAction=2;
    SuperMap1.Action=seAction.scaTrackPolygon;
}
```

SuperMap1_Tracked 事件处理程序：

```
private void SuperMap1_Tracked(object sender, EventArgs e)
{
    if (spatialQuery==true)
    {
        //空间查询功能代码,在此省略
        ...
    }
    else if (addGeoEvent==true)
    {
        //跟踪层应用-添加实例功能代码,在此省略
        ...
```

```
            }
        else if (GeoTracking==true)
        {
            //跟踪层应用-对象跟踪功能代码,在此省略
            ...
        }
        else if (Overlay==true)
        {
            //获取跟踪层上所绘制的几何对象
            gobjGeoRegion= (soGeoRegion)SuperMap1.TrackedGeometry;
            //显示叠加分析结果窗体
            FormOverLayResult frmResult= new FormOverLayResult(SuperWorkspace1);
            DialogResult dr= frmResult.ShowDialog();
            if (dr==DialogResult.OK)
            {
                soLayer objLy= SuperMap1.Layers[1];//获取地图窗口的第一个图层
                soDataset objDt= objLy.Dataset;//获取被叠加分析的数据集
                //在数据源中创建数据集 objNewDt 用来保存叠加分析后的结果
                soDataset objNewDt= this.SuperWorkspace1.Datasources[1].CreateDataset(strDtName, objDt.Type, seDatasetOption.scoDefault, null);
                soDatasetVector objDtv= (soDatasetVector)objDt;//获取被叠加分析的矢量数据集
                if (objNewDt!=null)
                {
                    //将数据集 objNewDt 强制类型转换为矢量数据集类型
                    soDatasetVector objNewDtv= (soDatasetVector)objNewDt;
                    //新建叠加分析对象
                    soOverlayAnalyst objOverlayAnalyst= new soOverlayAnalyst();
                    bool bAnalyst= false;
                    switch (overlayAction)//根据 overlayAction 变量值的不同,执行裁剪和擦除功能
                    {
                        case 1://利用 gobjGeoRegion 去裁剪 objDtv,结果保存在 objNewDtv 中
                            bAnalyst= objOverlayAnalyst.Clip(objDtv, gobjGeoRegion, objNewDtv);
                            break;
                        case 2://利用 gobjGeoRegion 去擦除 objDtv,结果保存在 objNewDtv 中
```

第十章 空间分析(1)

```
                    bAnalyst = objOverlayAnalyst.Erase(objDtv, gobjGeoRegion, ob-
jNewDtv);
                    break;
                }
                if (bAnalyst)//叠加分析成功则刷新工作空间管理器
                {
                    SuperWkspManager1.Refresh();
                }
                else//叠加分析失败则提示信息
                {
                    MessageBox.Show("叠加分析失败","提示");
                    return;
                }
                //释放 COM 对象所占用的资源
                Marshal.ReleaseComObject(objNewDtv);
                objNewDtv = null;
                Marshal.ReleaseComObject(objNewDt);
                objNewDt = null;
                Marshal.ReleaseComObject(objOverlayAnalyst);
                objOverlayAnalyst = null;
            }
            else
            {
                MessageBox.Show("存放结果数据集创建失败","提示");
                return;
            }
            //释放 COM 对象所占用的资源
            Marshal.ReleaseComObject(objDtv);
            objDtv = null;
            Marshal.ReleaseComObject(objDt);
            objDt = null;
            Marshal.ReleaseComObject(objLy);
            objLy = null;
            SuperMap1.Action = seAction.scaNull;
            Marshal.ReleaseComObject(gobjGeoRegion);
            gobjGeoRegion = null;
        }
    }
}
```

叠加分析结果数据集窗体类(FormOverLayResult)的代码实现：

```
public partial class FormOverLayResult : Form
{
    AxSuperWorkspace myWks;
    public FormOverLayResult(AxSuperWorkspace mainWks)
    {
        InitializeComponent();
        myWks= mainWks;
    }
    private void cmdOK_Click(object sender, EventArgs e)
    {
        if (this.txtDtName.Text=="")
        {
            MessageBox.Show("请输入保存结果的数据集名","提示");
            return;
        }
        soDataSource objDs= myWks.Datasources[1];
        //数据集名称可用性检查
        bool bOK= objDs.IsAvailableDatasetName(this.txtDtName.Text);
        if (! bOK)
        {
            MessageBox.Show("数据集名已存在,或不满足要求","提示");
            return;
        }
        else
        {
            Form1.strDtName= this.txtDtName.Text;
            this.DialogResult= DialogResult.OK;
        }
    }
    private void cmdCancel_Click(object sender, EventArgs e)
    {
        this.DialogResult= DialogResult.Cancel;
    }
}
```

启动调试、运行程序,测试实验所实现的缓冲区与叠加分析等功能。具体操作流程限于篇幅,在此不做详细说明。

四、思考与扩展练习

(1)本章实验内容示范了如何进行简单的缓冲区分析。但是实验程序中只实现了针对单个几何对象创建缓冲区。在实际应用场景中,很多时候需要针对多个几何对象创建一个总的缓冲区。此外,在进行缓冲区分析时,事实上涉及到缓冲区半径、平圆头设置及平滑度等多个参数,请读者思考并尝试如何利用已学过的知识完成通过缓冲分析对话框,实现功能相对完备的缓冲分析功能。

(2)本章实验内容示范了如何进行叠加分析中的裁剪和擦除操作,请读者思考叠加分析中两个数据集的区别和注意事项,编程实现裁剪和擦除以外的多种叠加分析操作。

第十一章　空间分析（2）

一、实验目的

网络系统是指由许多相互连接的线段构成的网状系统，网络数据模型是对现实世界中网络系统的抽象表达，其中，线段称为网络连接，而线段与线段的交点称为网络节点。在网络模型中，资源和信息能够从一个节点到达另一个节点。网络分析常用功能是在网络模型的基础上进行的一系列分析，如连通性分析、最佳路径分析、旅行商路径分析、最近设施分析、服务区分析等。此外，网络分析高级功能扩展了基于网络模型的深入分析，包括资源分配、选址分区、物流配送、网络追踪分析等功能。SuperMap Objects 的栅格分析模块为空间建模和分析提供了一系列工具集。栅格分析主要包括：①表面分析，例如提取等值线，生成坡度、坡向图，山体阴影图，进行填挖方和表面计算等；②地图代数运算，例如常用栅格统计、分带统计和邻域统计；③各种统计分析，例如水文分析，包括填充伪洼地，计算伪洼地，流向分析，累计汇水量等。本章实验内容属于空间分析实验的第二部分，主要目的就是使读者掌握利用 SuperMap Objects API 编程实现网络分析以及栅格数据分析等空间分析功能。

二、实验内容与知识点

1. 实验内容

（1）利用 SuperWorkspace、SuperMap、SuperAnalyst 等相关控件实现网络分析功能。

（2）利用 SuperWorkspace、SuperMap、SuperAnalyst 等相关控件实现栅格分析功能。

2. 知识点

网络分析是对例如交通网络、城市基础设施网络（如各种网线、电缆线、电力线、电话线、供水线、排水管等）在内的网络系统进行地理分析和模型化的过程，通过研究网络的状态及模拟和分析资源在网络上的流动和分配情况，解决网络结构及其资源等的优化问题。SuperMap Objects 提供了一系列网络分析方法，如连通性分析、最佳路径分析、旅行商路径分析、最近设施分析、服务区分析等方法。

众所周知,路径分析是 GIS 网络分析中最基本的功能。在现实生活中,我们常常会碰到最短路径问题,例如在运输过程中,总是追求运输费用最小的路径,在救灾抢险过程中,我们想找出花费时间最少的路径等。为此,本章实验内容主要针对路径分析的实现进行讲解。在 SuperMap Objects 中实现路径分析功能,基本步骤如下:首先,进行网络分析环境设置,确定网络中表示结点和弧段 ID 的字段,网络分析所用的数据集等必要参数设置;然后,进行路径分析的参数准备,如站点设置、分析结果设置等;接下来,执行路径分析;最后,查看或显示分析结果。SuperMap Objects 的路径分析提供了最佳路径分析和旅行商分析两种分析方式,两者都是在网络中寻找遍历所有站点的最经济的路径,区别是在遍历网络所有结点的过程中对结点访问顺序的处理方式不同。最佳路径分析必须按照指定顺序对结点进行访问,而旅行商分析则根据代价最小原则自行计算出对结点的最优访问顺序。

SuperMap Objects 路径分析由 soNetworkAnalystEx 对象提供 2 个相关的方法,分别是 PathEx2(最佳路径分析)和 TSPPathEx2(旅行商路径分析)。下面将一一介绍。在介绍之前有 3 点关于路径分析的说明:

(1)最佳路径分析中的最佳路径和旅行商路径分析中的最佳或近似最佳游历路径的"最佳"包含总距离最短或总耗费最小以及由其他权重指标衡量的最佳,在网络分析环境中指定的阻力字段单位决定了最佳的含义,此外 SuperMap Objects 中还提供了一种使结果路径弧段数最少的分析方法(通过路径查找方式 seFindPathType 取 scpFPTMinEdgesSum 来实现)。

(2)路径分析中经过的站点一般都为网络结点,但如果通过坐标点的方式指定站点,则通常会根据一定的容限将坐标点匹配到最近的弧段上进行分析。

(3)路径分析时,可以使用转向表,也可以动态设置障碍边、障碍点。路径分析的中间结果存储在内存中,创建了转向表后,转向表同样被读入到内存中,此时若动态设置障碍,转向表中的值在内存中会被修改,路径分析完毕之后,行驶导引可通过 soPathResultInfo 直接得到。

下面针对最佳路径分析和旅行商路径分析方法的使用语法进行介绍。其中 PathEx2(最佳路径分析)查找经过一系列有序站点且两点之间阻力最小的最佳路径,其语法如下:Boolean soNetworkAnalystEx. PathEx2(*objTourPoints* As Object, *nPathFindMode* As Long, *objPathResultSetting* As soPathResultSetting, *objPathResultInfo* As soPathResultInfo)。该方法的具体参数说明如表 11-1 所示。

表 11-1　PathEx2 方法的参数说明

参数	类型	描述
objTourPoints	Object	历经点串(soPoints)或者点 ID 数组(soLongArray)
nPathFindMode	Long	路径分析方式,取值见常量 seFindPathType
objPathResultSetting	soPathResultSetting	路径分析的结果设置
objPathResultInfo	soPathResultInfo	路径分析的结果信息

TSPPathEx2(旅行商路径分析)方法对一系列站点进行排序后,查找经过所有站点的最佳或近似最佳游历路径,其语法如下:Boolean soNetworkAnalystEx.TSPPathEx2($objTourPoints$ As Object,$objPathResultSetting$ As soPathResultSetting,$objPathResultInfo$ As soPathResultInfo,$[bSpecifyEndPoint$ As VARIANT$]$,$[nIteration$ As VARIANT$])$。方法的具体参数说明如表 11-2 所示。

表 11-2 TSPPathEx2 方法的参数说明

参数	类型	描述
$objTourPoints$	Object	历经坐标点串(soPoints)或点 ID 数组(soLongArray)
$objPathResultSetting$	soPathResultSetting	旅行商分析的结果设置
$objPathResultInfo$	soPathResultInfo	旅行商分析的结果信息
$[bSpecifyEndPoint]$	VARIANT	是否指定旅行终点。默认为不指定,则按照代价最小的原则迭代得到旅行的最佳路线。如果指定旅行终点,则相当于在原有计算的基础上加了一个限制条件
$[nIteration]$	VARIANT	路径分析的迭代次数,默认为 10 000 次。每计算一次都与上一次结果进行比较,选择最优的一个结果保存用于下一次比较

利用 SuperMap Objects 的栅格分析模块,我们可以对 DEM 数据进行各种表面分析,如提取等值线、生成坡度、坡向图、山体阴影图、进行填挖方和表面计算等;对栅格数据进行地图代数运算及各种统计分析,包括常用栅格统计、分带统计和邻域统计;根据获取的观测值,使用反距离加权方法(IDW)、样条法和简单克里金法做内插计算生成连续表面模型;基于地形表面做相应的水文分析,包括填充伪洼地、计算伪洼地、流向分析、累计汇水量等。上述栅格分析功能所对应的接口如表 11-3 所示。

表 11-3 栅格分析功能列表

对象	所属控件	接口	说明
soGridAnalystEx	SuperAnalyst.ocx	AnalysisEnvironment(soGridAnalysisEnvironment)	返回栅格分析环境设置对象
		Conversion(soConversionOperator)	返回矢栅数据转换对象
		Distance(soDistanceOperator)	返回距离栅格对象
		Generalize(soGeneralizeOperator)	返回栅格概括操作对象
		Math(soMathOperator)	返回栅格代数运算对象
		Statistics(soStatisticOperator)	返回栅格统计分析对象

续表 11-3

对象	所属控件	接口	说明
soSurfaceAnlayst	SuperAnalyst.ocx	AnalysisEnvironment（soGridAnalysisEnvironment）	返回栅格分析环境设置对象
		Surface(soSurfaceOperator)	返回栅格表面分析对象
		Modeling(soModelingOperator)	返回栅格表面建模对象
		Interpolation（soInterpolateOperator）	返回栅格表面内插操作对象
		Hydrology（soHydrologyOperator）	返回栅格表面水文分析对象
soGridAnalyst	SuperMap.ocx	Clip	对栅格数据集进行矩形裁剪
		ClipEx	对栅格数据集进行区域裁剪
		LineToDEM	等值线数据集转换为 DEM 数据集
		LineToGrid	等值线数据集转换为 Grid 数据集
		Mosaic	栅格数据集镶嵌
		Point2DToGrid	二维离散点生成 GRID 数据集
		Point3DToGrid	三维点数据集转换为 Grid 数据集
		Section	分割 DEM 数据集
		TINToGrid	TIN 数据集转化为 Grid 数据集
		Volume	soSurfaceOperator.Volume 替代
		InterPolateIDW/InterPolateOrdinaryKriging	soInterpolateOperator 对象的 IDW 和 Krig 方法替代
		RegionToGrid/GridToRegion	soConversionOperator 对象的 VectorToRaster 和 RasterToVectorEx 方法替代
		CreateDEM	soModelingOperator.CreateDEMEx 替代
		Reclass	soGeneralizeOperator.Reclass 替代
		Aspect/Slope	soSurfaceOperator 对象的 Aspect 和 Slope 方法替代
		Contour/Reclass	soSurfaceOperator 对象的 IsolineEx 和 OrthoImage 替代

由于篇幅的限制，本书所设计的实验主要以栅格代数运算功能为例，介绍栅格分析功能及分析控件 SuperAnalyst 中的栅格分析对象 soGridAnalystEx 提供的功能。栅格代数运算功能主要用来对多个栅格图层进行数学运算以及函数运算，由 SuperAnalyst.ocx 控件提供的 soMathOperator 对象来实现。目前，SuperMap 的栅格代数运算可直接通过执行一个表达式来实现相应的功能，表达式中支持多种算术运算符、逻辑运算符以及条件运算符等，可以进行多种运算的嵌套。本章实验内容主要利用 soMathOperator 的 Plus、Minus、Times 和 Divide

等接口来构建表达式实现栅格代数运算,在此仅以 Plus 方法为例进行介绍,其余接口的使用方法较为类似,因此不再重复描述。

Plus 方法的使用语法如下:soDatasetRaster soMathOperator.Plus(*objDataset*1 As soDatasetRaster,*objDataset*2 As soDatasetRaster,[*objOutputDataSource* As soDataSource],[*strResultDatasetName* As String]),具体参数说明如表 11-4 所示。

表 11-4 Plus 参数说明

参数	可选	类型	描述
*objDataset*1	必选	soDatasetRaster	相加的第一个 Grid 数据集
*objDataset*2	必选	soDatasetRaster	相加的第二个 Grid 数据集
[*objOutputDataSource*]	可选	soDataSource	存储输出结果的数据源。如果不指定此参数,方法会把分析结果输出到栅格分析环境所设置的输出数据源中
[*strResultDatasetName*]	可选	String	结果栅格数据集名称。如果不指定此参数,方法会自动给结果数据指定一个名称。名字形式一般为 Raster_*。* 为 1、2、3 等数字

三、实验步骤

1. 数据准备

在完成本章实验内容时,需要提前准备好一份网络数据和栅格数据。本实验采用了 SuperMap Objects 安装包中所提供的 network 数据源和 raster 数据源。network 数据源中包含了一份较为简单的模拟网络数据,虽然并非真实的路网数据,但足以满足网络分析功能的要求。此外,raster 数据源中包含两个格网数据集,也足以满足栅格分析中的运算操作。读者也可以采用其他的网络数据和栅格数据来完成实验内容。

2. 应用程序界面设计

启动 Microsoft Visual Studio .NET 2010,打开第十章实验所创建的 MyProject 解决方案,设计应用程序主界面,步骤简要说明如下。在菜单栏中"空间分析"菜单下添加子菜单"网络分析"和"栅格分析","网络分析"下增加 2 个子菜单项"最短路径分析"和"网络分析环境设置","栅格分析"下增加 4 个子菜单项"加法运算""减法运算""乘法运算"和"除法运算"。具体设计界面如图 11-1 所示。

创建一个窗体用来设置网络分析的环境参数。该窗体界面包括 1 个 TabControl 控件,3 个 GroupBox 控件,5 个 Label 控件,4 个 ComboBox 控件,1 个 TextBox 控件,2 个 Button 控件,具体设计界面如图 11-2 所示。

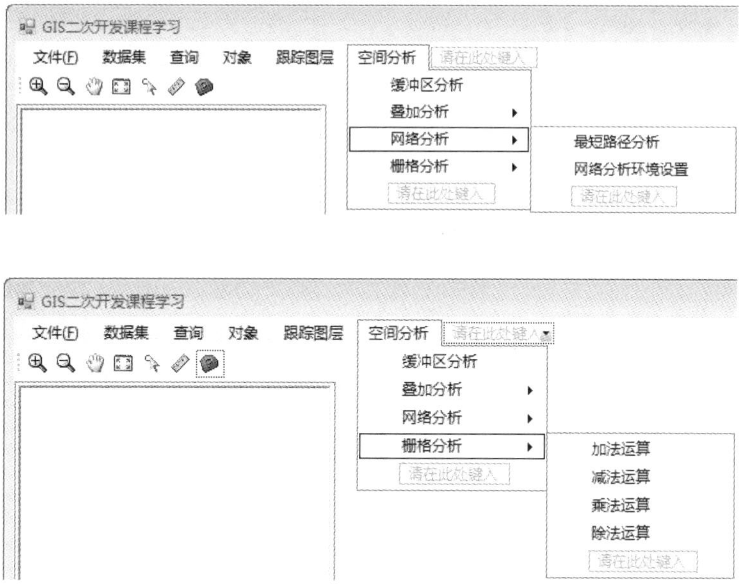

第十一章 空间分析(2)

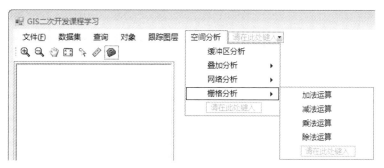

图 11-1 网络分析和栅格分析菜单项设计

图 11-2 网络分析环境参数设置窗体设计

创建一个窗体用来执行最短路径分析。该窗体界面包括一个 GroupBox 控件,1 个 ListView 控件,4 个 Button 控件,具体设计界面如图 11-3 所示。

创建一个窗体用来设置栅格分析的参数。该窗体界面包括 3 个 GroupBox 控件,6 个 Label 控件,5 个 ComboBox 控件,1 个 TextBox 控件,2 个 Button 控件,具体设计界面如图 11-4 所示。

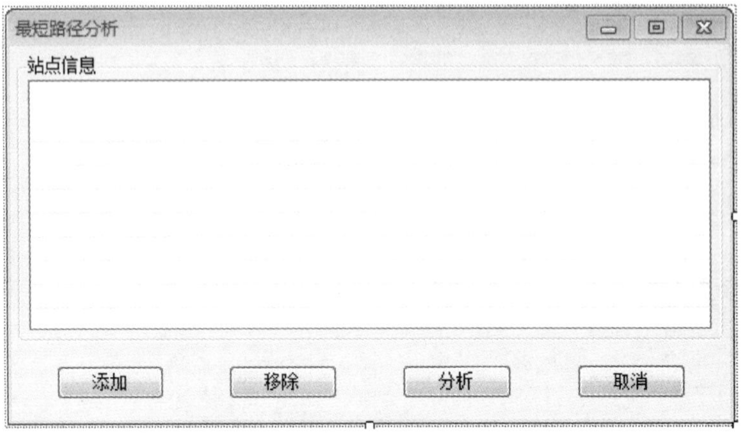

图 11-3 路径分析窗体设计

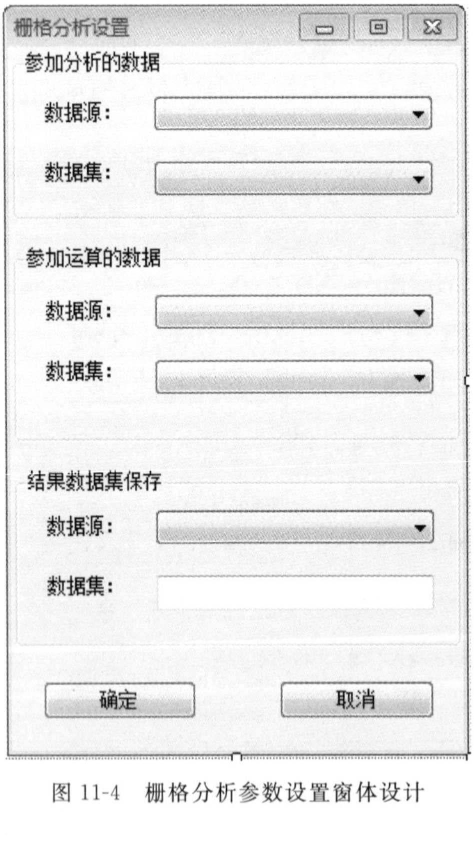

图 11-4 栅格分析参数设置窗体设计

3. 网络分析功能实现

1) 网络分析环境参数设置

网络分析的实现流程，大体上可以分为两大步骤。第一步，进行网络分析的环境参数设置。第二步，开展具体的网络分析操作。在此为了简化实验内容，只针对最短路径分析为例进行实现。首先需要定义一个布尔类型变量 NetworkAnalysis,据此来区分网络分析和对象跟踪、对象闪烁等功能。当执行"网络分析环境设置"菜单项时,在该菜单项的 Click 事件中,显示窗体进行网络分析的环境参数设置。具体功能实现如下。

"网络分析环境设置"菜单项的 Click 事件响应代码:

```
private void menuNetAnalystSetting_Click(object sender, EventArgs e)
{
    NetworkAnalysis=true;
    queryByMap=false;
    GeoTracking=false;
    GeoBlink=false;
    this.frmAnalystSetting= new NetAnalystSetting(this);
    this.frmAnalystSetting.ShowDialog();
}
```

网络分析环境参数设置窗体类的实现代码:

```
public partial class FormNetAnalystSetting : Form
{
    Form1 mainfrm=null;
    public FormNetAnalystSetting(MyProject.Form1 frm)
    {
        InitializeComponent();
        mainfrm=frm;
    }
    private void AnalystSetting_Load(object sender, EventArgs e)
    {
        this.InitForm();
    }
    private void InitForm()
    {
        //获取网络分析对象
        soNetworkAnalystEx objNetworkAnalyst=mainfrm.SuperAnalyst1.NetworkAnalyst;
        //获取网络分析环境设置对象
        soNetworkSetting objNetworkSetting= objNetworkAnalyst.NetworkSetting;
        soLayers objLys=mainfrm.SuperMap1.Layers;
        soLayer objLy=objLys[1];
```

```
soDataset objDt=objLy.Dataset;
//获取进行网络分析的数据集
soDatasetVector objDtv=(soDatasetVector)objDt;
//检查数据集类型是否为网络数据集
if(objDtv.Type!=seDatasetType.scdNetwork)
{
    MessageBox.Show("进行网络分析需要打开网络数据集","提示");
    return;
}
else
{
    //设置进行网络分析的数据集
    objNetworkSetting.NetworkDataset=objDtv;
    soDataSources objDss=mainfrm.SuperWorkspace1.Datasources;
    soDataSource objDs=objDss[1];
    string strAlias=objDs.Alias;
    //设置网络分析结果的数据源别名
    objNetworkAnalyst.OutputDatasourceAlias=strAlias;
    //填充各个网络分析参数的下拉列表框
    FieldsToCombox(objDtv,this.cboFTWeightField);
    this.cboFTWeightField.Text="SmLength";
    FieldsToCombox(objDtv,this.cboTFWeightField);
    this.cboTFWeightField.Text="SmLength";
    FieldsToCombox(objDtv,this.cboNodeIDField);
    this.cboNodeIDField.Text="SmID";
    FieldsToCombox(objDtv,this.cboEdgeIDField);
    this.cboEdgeIDField.Text="SmID";
    this.txtTolerance.Text="0.0";
    Marshal.ReleaseComObject(objDs);
    objDs=null;
    Marshal.ReleaseComObject(objDss);
    objDss=null;
}
//释放COM对象所占用的资源
Marshal.ReleaseComObject(objDtv);
objDtv=null;
```

第十一章 空间分析(2)

```csharp
            Marshal.ReleaseComObject(objDt);
            objDt=null;
            Marshal.ReleaseComObject(objLy);
            objLy=null;
            Marshal.ReleaseComObject(objLys);
            objLys=null;
            Marshal.ReleaseComObject(objNetworkSetting);
            objNetworkSetting=null;
            Marshal.ReleaseComObject(objNetworkAnalyst);
            objNetworkAnalyst=null;
        }
        private void FieldsToCombox(soDatasetVector oDtv, ComboBox AddCombox)
        {
            //向下拉框中加入字段名称//
            AddCombox.BeginUpdate();
            for (int i=1; i<=oDtv.FieldCount; i++)
            {
                AddCombox.Items.Add(oDtv.GetFieldInfo(i).Name);
            }
            AddCombox.EndUpdate();
        }
        private void ApplySettings()
        {//根据输入值设置网络分析环境参数,包括阻力字段、结点和弧段标识字段以及结点选择容限
            soNetworkAnalystEx objNetworkAnalyst= mainfrm.SuperAnalyst1.NetworkAnalyst;
            soNetworkSetting objNetworkSetting= objNetworkAnalyst.NetworkSetting;
            objNetworkSetting.EdgeIDField=this.cboEdgeIDField.Text;
            objNetworkSetting.NodeIDField=this.cboNodeIDField.Text;
            objNetworkSetting.FTWeightField=this.cboFTWeightField.Text;
            objNetworkSetting.TFWeightField=this.cboTFWeightField.Text;
            objNetworkAnalyst.Tolerance= Convert.ToDouble(this.txtTolerance.Text);
        }
        private void cmdOK_Click(object sender, EventArgs e)
        {
```

```csharp
            this.ApplySettings();//应用参数设置
            this.Dispose();
        }
        private void cmdCancel_Click(object sender, EventArgs e)
        {
            this.Dispose();
        }
    }
```

2) 最短路径分析功能实现

设置完环境参数之后,接下来进行最短路径分析。首先,设置布尔类型变量 NetworkAnalysis 的值为真,据此来区分网络分析和对象跟踪、对象闪烁等功能。然后,显示最短路径分析窗体(FormPathAnalyst)。在该窗体中,通过鼠标选择路径分析的节点(所选中的节点显示在 ListView 控件中),点击"分析"按钮,调用最优路径查找方法(soNetworkAnalystEx.Path()),获取路径分析结果(soGeoLineM),并将结果显示在跟踪图层上。具体功能实现如下。

"网络分析环境设置"菜单项的 Click 事件响应代码:

```csharp
private void menuPathAnalysis_Click(object sender, EventArgs e)
{
    NetworkAnalysis= true;
    queryByMap= false;
    GeoTracking= false;
    GeoBlink= false;
    this.frmPathAnalyst= new PathAnalyst(this);
    this.frmPathAnalyst.Show();
}
```

最优路径分析窗体类(FormPathAnalyst)的实现代码:

```csharp
public partial class FormPathAnalyst : Form
    {
        //定义点集合变量用来保存路径分析所选择的节点
        soPoints m_objPts= new soPointsClass();
        //定义线段变量用来保存路径分析结果
        soGeoLineM m_objPath= null;
        //定义风格变量用来设置最短路径分析结果的显示样式
        soStyle m_objStyle= new soStyleClass();
        //定义整型变量用来记录节点序号
        int iflagNum= 0;
        Form1 mainfrm;
        public FormPathAnalyst(MyProject.Form1 frm)
```

第十一章 空间分析(2)

```csharp
        {
            InitializeComponent();
            mainfrm=frm;
        }
        private void PathAnalyst_Load(object sender, EventArgs e)
        {//设置ListView控件的字段名称
            this.listView1.Columns.Add("编号", this.listView1.Width / 4, HorizontalAlignment.Center);
            this.listView1.Columns.Add("节点标识", this.listView1.Width / 4, HorizontalAlignment.Center);
            this.listView1.Columns.Add("X", this.listView1.Width / 4, HorizontalAlignment.Center);
            this.listView1.Columns.Add("Y", this.listView1.Width / 4, HorizontalAlignment.Center);
        }
        private void cmdRemovePt_Click(object sender, EventArgs e)
        {//移除指定节点
            listView1.Items.RemoveAt(iflagNum);
        }
        private void cmdPathAnalyst_Click(object sender, EventArgs e)
        {
            soNetworkAnalystEx objNetworkAnalyst=null;
            //获取网络分析对象
            objNetworkAnalyst=mainfrm.SuperAnalyst1.NetworkAnalyst;
            //利用for循环将所有节点添加到点集合(m_objPts)中
            for (int i=0; i<=listView1.Items.Count-1;i++)
            {
                this.m_objPts.Add2(Convert.ToDouble(listView1.Items[i].SubItems[2].Text), Convert.ToDouble(listView1.Items[i].SubItems[3].Text));
            }
            //执行最优路径分析,结果保存在变量m_objPath中
            this.m_objPath=objNetworkAnalyst.Path(this.m_objPts, seFindPathType.scpFPTMinEdgesSum);
            if (this.m_objPath!=null)
            {//在跟踪图层上显示最优路径分析的结果
                soTrackingLayer oTLy;
                oTLy=mainfrm.SuperMap1.TrackingLayer;
```

```csharp
            this.m_objStyle.PenColor=
(uint)ColorTranslator.ToOle(Color.Purple);
            this.m_objStyle.PenWidth=8;
            oTLy.ClearEvents();
            oTLy.AddEvent((soGeometry)this.m_objPath, this.m_objStyle, "");
            oTLy.Refresh();
            Marshal.ReleaseComObject(this.m_objStyle);
            this.m_objStyle=null;
            Marshal.ReleaseComObject(this.m_objPts);
            this.m_objPts=null;
            Marshal.ReleaseComObject(this.m_objPath);
            this.m_objPath=null;
            Marshal.ReleaseComObject(objNetworkAnalyst);
            objNetworkAnalyst=null;
        }
        else
        {
            MessageBox.Show("分析失败");
        }
        this.Dispose();
    }
    private void cmdCancel_Click(object sender, EventArgs e)
    {
        this.Dispose();
    }
    private void listView1_Click(object sender, EventArgs e)
    {//记录选中节点的序号
        this.cmdRemovePt.Enabled=true;
        this.iflagNum=this.listView1.SelectedIndices[0];
    }
    private void PathAnalyst_FormClosed(object sender, FormClosedEventArgs e)
    {//释放COM对象所占用资源
        if(mainfrm.gobjSelectRd!=null)
        {
            Marshal.ReleaseComObject(mainfrm.gobjSelectRd);
            mainfrm.gobjSelectRd=null;
        }
```

第十一章 空间分析(2)

```
            if (mainfrm.gobjSelectGeoPt!=null)
            {
                Marshal.ReleaseComObject(mainfrm.gobjSelectGeoPt);
                mainfrm.gobjSelectGeoPt=null;
            }
        }
        private void cmdAddPt_Click(object sender, EventArgs e)
        {//设置地图动作为选择操作
            mainfrm.SuperMap1.Action=seAction.scaSelect;
        }
    }
```

4. 栅格分析功能实现

栅格分析的实现流程，大体上也可以分为两大步骤。第一步，进行栅格分析的参数设置。第二步，开展具体的栅格分析运算操作。在此为了简化实验内容，只针对栅格分析中的地图代数运算进行实现。首先，需要定义一个整型变量 giMathType，据此来区分加减乘除等不同地图代数运算操作。然后，当执行"栅格分析"菜单下的任一菜单项时，在该菜单项的 Click 事件中，显示窗体进行栅格分析的参数设置，并执行地图代数运算。具体功能实现如下。

"栅格分析"菜单下的 4 个菜单项的 Click 事件响应代码：

```
private void menuMathPlus_Click(object sender, EventArgs e)
{
    this.giMathType=1;//设置运算类型变量值
    this.frmGridSetting= new FormGridAnalystSetting(this);
    this.frmGridSetting.ShowDialog();
}
private void menuMathMinus_Click(object sender, EventArgs e)
{
    this.giMathType=2;//设置运算类型变量值
    this.frmGridSetting= new FormGridAnalystSetting(this);
    this.frmGridSetting.ShowDialog();
}
private void menuMathMultiply_Click(object sender, EventArgs e)
{
    this.giMathType=3;//设置运算类型变量值
    this.frmGridSetting= new FormGridAnalystSetting(this);
    this.frmGridSetting.ShowDialog();
```

```
}
private void menuMathDivide_Click(object sender, EventArgs e)
{
    this.giMathType=4;//设置运算类型变量值
    this.frmGridSetting= new FormGridAnalystSetting(this);
    this.frmGridSetting.ShowDialog();
}
```

栅格分析设置窗体类(FormGridAnalystSetting)的实现代码：

```
public partial class FormGridAnalystSetting : Form
    {
        private MyProject.Form1 mainfrm;
        public FormGridAnalystSetting(MyProject.Form1 frm)
        {
            InitializeComponent();
            mainfrm= frm;
        }
        private void AnalystSetting_Load(object sender, EventArgs e)
        {//初始化下拉列表框控件
            this.InitCbo();
        }
        private void InitCbo()
        {
            soDataSources objDss= mainfrm.SuperWorkspace1.Datasources;
            //读取工作空间中所有数据源名称并填充到下拉列表框
            for (int iDsCount=1; iDsCount<= objDss.Count; iDsCount++)
            {
                soDataSource objDs= objDss[iDsCount];
                string strDsName= objDs.Alias;
                this.cboDsF.Items.Add(strDsName);
                this.cboDsS.Items.Add(strDsName);
                this.cboSaveDs.Items.Add(strDsName);
                soDatasets objDts= objDs.Datasets;
                //读取数据源中所有数据集名称并填充到下拉列表框
                for (int iDtCount=1;iDtCount<= objDts.Count; iDtCount++)
                {
                    soDataset objDt= objDts[iDtCount];
                    string strDtName= objDt.Name;
```

```csharp
                this.cboDtF.Items.Add(strDtName);
                this.cboDtS.Items.Add(strDtName);
                Marshal.ReleaseComObject(objDt);
                objDt= null;
            }
            //释放 COM 对象所占用的资源
            Marshal.ReleaseComObject(objDts);
            objDts= null;
            Marshal.ReleaseComObject(objDs);
            objDs= null;
        }
        Marshal.ReleaseComObject(objDss);
        objDss= null;
    }
    private void cboDsF_SelectedIndexChanged(object sender, EventArgs e)
    {//更换参加分析的数据源时,更新下拉列表框中显示的数据集列表
        string strDsName= this.cboDsF.Text;
        soDataSources objDss= mainfrm.SuperWorkspace1.Datasources;
        soDataSource objDs= objDss[strDsName];
        soDatasets objDts= objDs.Datasets;
        this.cboDtF.Items.Clear();
        this.cboDtF.BeginUpdate();
        for (int iDtCount= 1; iDtCount <= objDts.Count; iDtCount++ )
        {
            soDataset objDt= objDts[iDtCount];
            string strDtName= objDt.Name;
            this.cboDtF.Items.Add(strDtName);
            Marshal.ReleaseComObject(objDt);
            objDt= null;
        }
        this.cboDtF.EndUpdate();
        Marshal.ReleaseComObject(objDts);
        objDts= null;
        Marshal.ReleaseComObject(objDs);
        objDs= null;
        Marshal.ReleaseComObject(objDss);
        objDss= null;
```

```csharp
    }
    private void cboDsS_SelectedIndexChanged(object sender, EventArgs e)
    {//更换参加运算的数据源时,更新下拉列表框中显示的数据集列表
        string strDsName= this.cboDsS.Text;
        soDataSources objDss= mainfrm.SuperWorkspace1.Datasources;
        soDataSource objDs= objDss[strDsName];
        soDatasets objDts= objDs.Datasets;
        this.cboDtS.Items.Clear();
        this.cboDtS.BeginUpdate();
        for (int iDtCount= 1; iDtCount <= objDts.Count; iDtCount++ )
        {
            soDataset objDt= objDts[iDtCount];
            string strDtName= objDt.Name;
            this.cboDtS.Items.Add(strDtName);
            Marshal.ReleaseComObject(objDt);
            objDt= null;
        }
        this.cboDtS.EndUpdate();
        Marshal.ReleaseComObject(objDts);
        objDts= null;
        Marshal.ReleaseComObject(objDs);
        objDs= null;
        Marshal.ReleaseComObject(objDss);
        objDss= null;
    }
    private void cmdCancel_Click(object sender, EventArgs e)
    {
        this.Dispose();
    }
    private void cmdOK_Click(object sender, EventArgs e)
    {
        //确保栅格分析的各项参数设置是有效输入
        if (this.cboDsF.Text=="" || this.cboDsS.Text=="")
        {
            MessageBox.Show("请选择参与分析的数据源","提示");
            return;
        }
```

第十一章 空间分析(2)

```csharp
if (this.cboDtF.Text=="" || this.cboDtS.Text=="")
{
    MessageBox.Show("请选择参与分析的数据集","提示");
    return;
}
if (this.cboSaveDs.Text=="")
{
    MessageBox.Show("请选择保存结果的数据源","提示");
    return;
}
if (this.txtSaveDt.Text=="")
{
    MessageBox.Show("请输入保存结果的数据集名","提示");
    return;
}
//执行栅格运算
this.MathOperator(mainfrm.giMathType);
this.Dispose();
}
private void MathOperator(int iMathType)
{
    //获取栅格分析对象
    soGridAnalystEx objGridAnalystEx= mainfrm.SuperAnalyst1.GridAnalyst;
    //获取栅格地图代数操作对象
    soMathOperator objMathOperator= objGridAnalystEx.Math;
    soDataSources objDss=mainfrm.SuperWorkspace1.Datasources;
    //获取参与分析和运算的数据源对象
    soDataSource objDsF= objDss[this.cboDsF.Text];
    soDataSource objDsS= objDss[this.cboDsS.Text];
    soDatasets objDtsF= objDsF.Datasets;
    soDatasets objDtsS= objDsS.Datasets;
    //获取参与分析和运算的数据集对象
    soDataset objDtF= objDtsF[this.cboDtF.Text];
    soDataset objDtS= objDtsS[this.cboDtS.Text];
    //将参与分析和运算的数据集对象强制类型转换为栅格数据集
    soDatasetRaster objDtR1= (soDatasetRaster)objDtF;
```

```
            soDatasetRaster objDtR2= (soDatasetRaster)objDtS;
            soDataSource objSaveDs= objDss[this.cboSaveDs.Text];
            string strSaveDtName= this.txtSaveDt.Text;
            //检查分析结果数据集的名称是否可用
            bool bNotUsed= objSaveDs.IsAvailableDatasetName(strSaveDtName);
            if (! bNotUsed)
            {
                MessageBox.Show("该数据集名称已使用,请重新输入", "提示");
                return;
            }
            else
            {
                //依据 iMathType 变量值的不同,执行不同的地图代数运算
                soDatasetRaster objResultDtR= null;
                switch (iMathType)
                {
                case 1:
                    objResultDtR= objMathOperator.Plus(objDtR1, objDtR1, objSaveDs, strSaveDtName);
                    break;
                case 2:
                    objResultDtR= objMathOperator.Minus(objDtR1, objDtR1, objSaveDs, strSaveDtName);
                    break;
                case 3:
                    objResultDtR= objMathOperator.Times(objDtR1, objDtR1, objSaveDs, strSaveDtName);
                    break;
                case 4:
                    objResultDtR= objMathOperator.Divide(objDtR1, objDtR1, objSaveDs, strSaveDtName);
                    break;
                }
                if (objResultDtR! = null)
                {//分析成功则刷新工作空间管理器
                    MessageBox.Show("分析成功", "提示");
                    mainfrm.SuperWkspManager1.Refresh();
```

第十一章 空间分析(2)

```
                    Marshal.ReleaseComObject(objResultDtR);
                    objResultDtR= null;
                }
                else
                {
                    MessageBox.Show("分析失败","提示");
                    return;
                }
            }
            //释放COM对象所占用的资源
            Marshal.ReleaseComObject(objSaveDs);
            objSaveDs= null;
            Marshal.ReleaseComObject(objDtR2);
            objDtR2= null;
            Marshal.ReleaseComObject(objDtS);
            objDtS= null;
            Marshal.ReleaseComObject(objDtsS);
            objDtsS= null;
            Marshal.ReleaseComObject(objDsS);
            objDsS= null;
            Marshal.ReleaseComObject(objDtR1);
            objDtR1= null;
            Marshal.ReleaseComObject(objDtF);
            objDtF= null;
            Marshal.ReleaseComObject(objDtsF);
            objDtsF= null;
            Marshal.ReleaseComObject(objDsF);
            objDsF= null;
            Marshal.ReleaseComObject(objDss);
            objDss= null;
            Marshal.ReleaseComObject(objMathOperator);
            objMathOperator= null;
            Marshal.ReleaseComObject(objGridAnalystEx);
            objGridAnalystEx= null;
        }
    }
```

启动调试、运行程序,测试实验所实现的网络分析与栅格分析等功能。具体操作流程限于篇幅,在此不做详细说明。

四、思考与扩展练习

(1)本章实验内容仅示范了如何进行简单的最短路径分析。事实上,网络分析中还包括最近服务设施分析、服务区分析等多种应用场景。请读者选取一个网络数据集,利用 SuperMap Objects 编程实现各种网络分析的应用功能。

(2)本章实验内容仅示范了如何进行较为简单的栅格代数运算,而在常用的栅格分析场景中经常会涉及到针对局域或分区的统计运算。请读者思考栅格数据分析中进行局域和分区运算的原理,并编程实现栅格插值、重分类、统计分析等栅格分析功能。

第十二章 制图排版

一、实验目的

专题制图是地理信息系统的基本能力,也是核心能力之一。在 GIS 应用中,各种类型的专题图是必不可少的元素。它不仅用来渲染图层,制作专题图更能表现属性数据专题,利用它可以对纷繁复杂的地理信息进行分类提取,并以不同的颜色、面积、图形等一些特性直观地表现出来,通过风格渲染来挖掘数据潜力。

SuperMap Objects 提供了较强大的专题地图制作功能,包括单值专题图、范围分段专题图、点密度图、统计图、等级符号图、标签专题图等多种类型,能满足众多行业的需求,同时,SuperMap Objects 还提供了制作自定义专题地图的功能,由用户来确定专题地图的各种属性,更增加了制作专题图的灵活性。

SuperMap Objects 软件提供了两种专题地图的方法:一种方法是运用其中的一个控件 SuperLegend 直接提供的专题地图制作向导,在向导中逐步设置参数,由系统自动生成专题地图,无需开发者编写程序就可以轻松实现专题地图的制作。使用这种方式方便、准确性高、效率高,但是向导界面的风格固定,不能根据开发者的喜好和应用系统的需要制作个性化界面,局限性较大。另一种方法是利用 SuperMap Objects 提供的制作专题地图的专门接口,由开发者编写程序制作专题图。开发者可以根据自己的爱好和系统的需要定制合适的向导界面。

本实验的主要目的就是使读者掌握利用 SuperMap Objects API 编程实现地图布局设计、制图以及输出等制图排版功能。

二、实验内容与知识点

1. 实验内容

利用 SuperWorkspace、SuperMap、SuperLayout 等相关控件实现地图排版及地图输出等制图排版功能。

2. 知识点

GIS 系统的一项重要功能是出图,而出图功能的解决方案涉及排版。GIS 中的排版绝非纯粹的体力活,事实上排版系统所追求的目标是交互的简单,信息的丰富,定制的灵活性。SuperLayout 控件为地图排版和输出提供了一系列的功能接口。首先,布局控件提供了窗口句柄,为制图要素的排版提供了版面。版面的设置是在逻辑页面(soLytPage 对象)上进行的,并通过 soLytRuleLines 对象设定一定的标尺线。其次,布局控件提供了制图要素对象(即布局元素 soLytElement),用于在版面上添加不同种类的布局元素。SuperLayout 一系列的制图要素对象包括要输出的地图(soLytMap)、比例尺(soLytMapScale)、图例(soLytLegendEx)、指北针(soLytDirection)、地图名称文本(soLytText)、表格(soLytTable)以及点(soLytPoint)、折线(soLytPolyLine)、多边形(soLytPolygon)、椭圆(soLytEllipse)、圆(soLytCircle)等几何图形要素对象,这些制图要素可以组合成组,进行统一的位置调整。在所有的制图要素中,最重要的制图要素首先是地图要素 soLytMap,与地图要素紧密相关的是图例和比例尺要素。多个制图要素构成制图要素集合(soLytElements),这些制图要素在排版版面上都可以被选中,选中的待处理对象都存放在对象 soLytSelections 中,选择集中的所有对象其实质都是布局元素。其对象结构图如图 2-5 所示。

如第二章中 GIS 开发基础知识部分所述,在 SuperMap Objects 的数据组织结构中,SuperWorkspace 担任着数据和资源仓库的角色,它管理着数据源(DataSources)、地图(Maps)、布局(Layouts)、三维场景(Scenes)和系统资源库(Resources),其中 Maps 和 Layouts 不作为单独的结构保存在一个单独的文件里,而是作为一种视图保存在 SuperWorkspace 中,用唯一的名字或索引号来标识。Layouts 由 SuperLayout 创建,Layouts 中显示的地图来自于 Maps,在 Layouts 中仅记录引用 Maps 的索引、每个布局元素的显示状态。因此 SuperLayout 与 SuperWorkspace 之间有着密切的关系。和使用 SuperMap 控件一样,在使用 SuperLayout 之前,SuperLayout 必须与 SuperWorkspace 建立连接,语法与 SuperMap 控件的接口一致。另外要注意两点:①既然 SuperLayout 中显示的地图来自于 SuperWorkspace 的 Maps,那么在布局之前必须在 SuperWorkspace 中已经存在 Map;②完成布局排版之后首先要保存这个 Layout,然后保存 SuperWorkspace,这样 Layout 才真正被保存了。

在设计布局时,布局环境的设置也非常关键。开发者可以通过 SuperLayout 控件提供的 LayoutSetup 方法调用属性设置对话框,在该对话框中可以设置包括显示刻度尺、显示滚动条、显示网格、网格捕捉等功能,在其上进行的修改在点击"确定"按钮的时候就会直接更新到布局环境上,不需要任何二次开发程序来完成这个工作。布局属性设置对话框如图 12-1 所示。

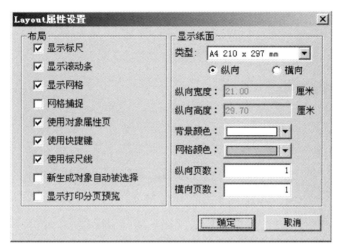

图 12-1　布局属性设置对话框

在设计布局时,需要进行布局元素的编辑。布局元素(soLytElement)是布局(soLytElements)的组成者。SuperLayout 提供了近 20 种不同类型的布局元素。布局元素(soLytElement)是通过布局元素集合(soLytElements)来管理的,可以通过 SuperLayout 控件的 Elements 属性来返回所有布局元素对象的集合,其语法如下:soLytElements SuperLayout.Elements。布局元素集合还提供了一系列的接口用来实现:创建布局元素、拷贝布局元素、改变布局元素的叠置顺序等功能。

以新建布局元素为例,有 2 种方法可以实现。第 1 种方法是通过设置 SuperLayout.LytAction,然后在布局窗口中拉框即可绘制出一个指定类型的布局元素,同时弹出该布局元素的属性对话框,将其中必需的属性进一步修改完成就可以完成对指定类型布局元素的创建。第 2 种方法是通过布局元素集合的 CreateElement 方法来创建布局元素。想要实现布局元素的剪切、复制和粘贴等基本的编辑功能,则需要调用 soLytSelection 对象提供的接口。除了基本编辑功能外,SuperMap Objects 还提供了更重要的 3 种修改布局元素属性的方式,分别是:由 SuperLayout.ocx 控件提供的 PropertyPageEnabled 属性、由 soLytElement 对象提供的 ShowProperDlg 方法和由 soLytElement 对象提供的多个属性。

SuperLayout 控件提供了一系列接口用来实现如剪切、复制和粘贴等针对整个布局的基本编辑操作。针对布局(地图布局元素)的放大、缩小、漫游、选择等浏览操作相对复杂一些。对布局的基本操作,可以通过设置 SuperLayout.LytAction 来改变布局操作状态。对地图的浏览操作,则分为两个步骤:①锁定地图布局元素:选择要进行浏览的地图布局元素,得到一个 soLytMap,然后设置 soLytMap.MapHold 属性为 True 时,地图被锁定;②通过 soLytMap.MapAction 属性来设置地图操作状态。具体的接口使用方法请参见 SuperMap Objects 帮助文档。

三、实验步骤

1. 应用程序界面设计

启动 Microsoft Visual Studio .NET 2010，打开第十一章实验所创建的 MyProject 解决方案，设计应用程序主界面，步骤简要说明如下。在菜单栏中增加"布局"菜单，在"布局"菜单下添加 4 个菜单项"布局操作""布局浏览""布局元素绘制"和"布局输出"。"布局操作"下增加 4 个子菜单项"新建布局""保存布局""另存布局为"和"删除布局"。"布局浏览"下增加 6 个子菜单项"选择""放大""缩小""漫游""布局锁定"和"地图浏览"，其中"地图浏览"下增加 3 个子菜单项"放大地图""缩小地图"和"平移地图"。"布局元素绘制"下增加 8 个子菜单项"地图""点""线""面""文本""指北针""图例"和"比例尺"。"布局输出"下增加 3 个子菜单项"输出为位图""输出为图片"和"打印布局"。菜单栏具体设计界面如图 12-2 所示。

在主窗体界面中，新增一个 TabControl 控件放置在 SuperMap 控件原来所在的区域，并在 TabControl 控件中添加两个 TabPage。其中第一个页面为地图，在该页面中放置 SuperMap、SuperWorkspace 以及 SuperAnalyst 等控件。第二个页面为布局，在该页面中放置 SuperLayout 控件。修改后的主窗体界面如图 12-3 所示。

2. 布局操作功能实现

本实验中布局操作的功能包括新建、保存、另存和删除布局。接下来，分别来讲解各功能的实现流程。

1) 新建布局

由于 SuperMap Objects 5.3 并未提供新建布局的接口，因此我们必须自行实现该功能。事实上，其实现流程较为简单。当加载了 SuperLayout 控件之后，布局窗口已经处于可用状态。首先，当执行"新建布局"菜单项时，通过调用 SaveLayout 方法保存当前布局。然后，移除布局窗口中所有的布局元素。最后，刷新布局窗口即可。"新建布局"菜单项的 Click 事件响应代码如下。

```
private void menuCreateNewLayout_Click(object sender, EventArgs e)
{
    this.SuperLayout1.SaveLayout();//保存当前布局
    soLytElements objLytElements= this.SuperLayout1.Elements;
    objLytElements.RemoveAll();//移除所有布局元素
    this.SuperLayout1.Refresh();//刷新布局窗口
    Marshal.ReleaseComObject(objLytElements);
    objLytElements= null;
}
```

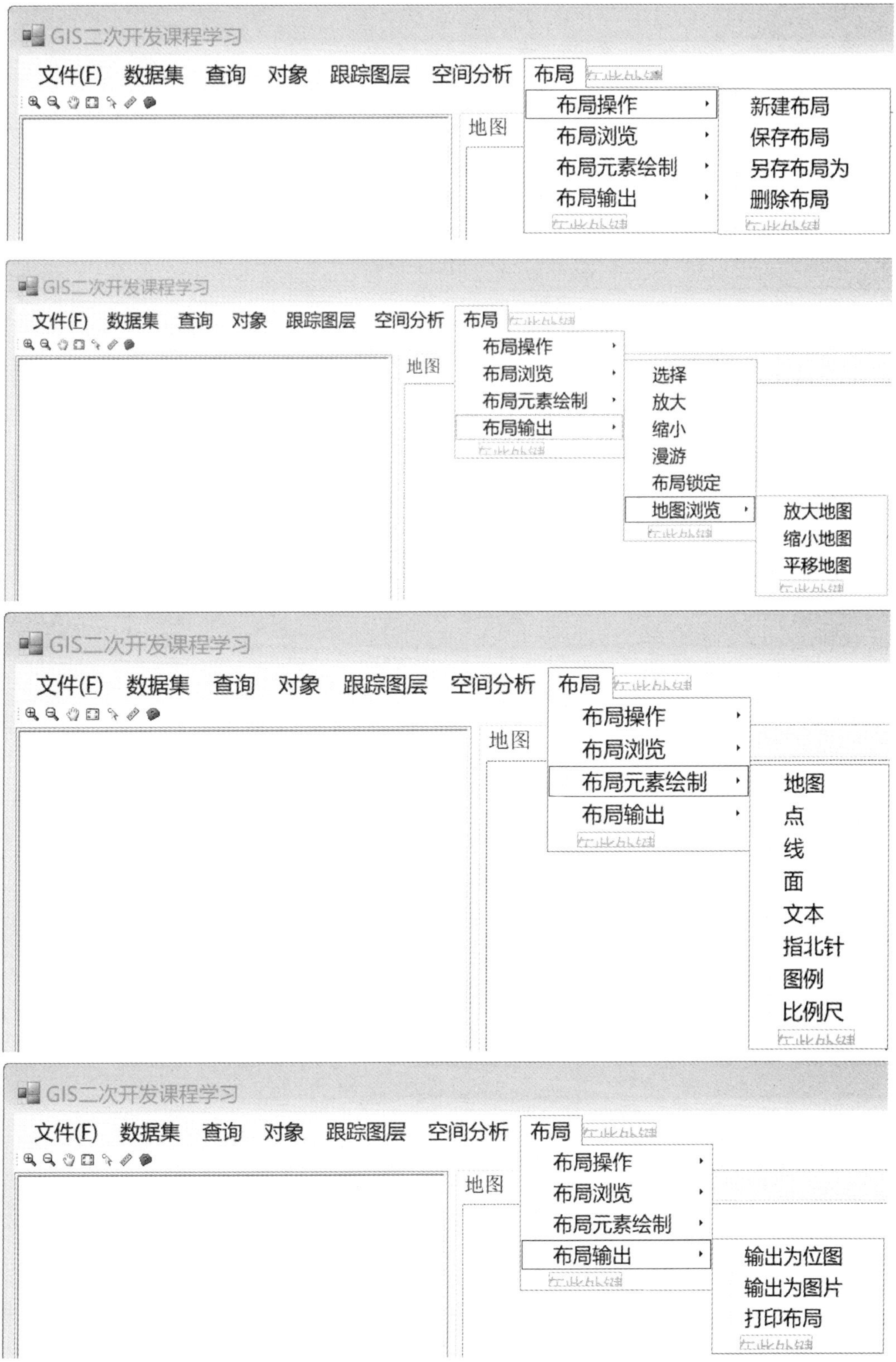
GIS二次开发课程学习
文件(F)
数据集
查询
对象
跟踪图层
空间分析
布局
布局操作
布局浏览
布局元素绘制
布局输出
地图
新建布局
保存布局
另存布局为
删除布局
选择
放大
缩小
漫游
布局锁定
地图浏览
放大地图
缩小地图
平移地图
地图
点
线
面
文本
指北针
图例
比例尺
输出为位图
输出为图片
打印布局

图 12-2　布局菜单设计

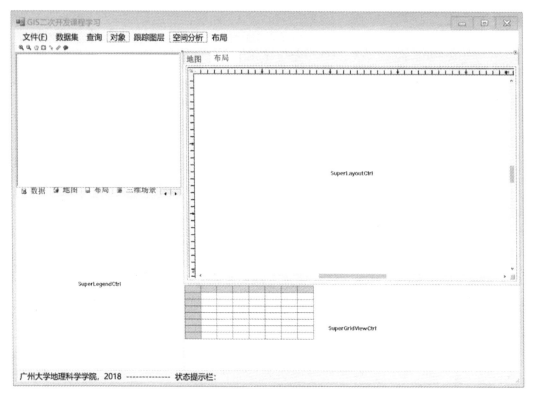

图 12-3 主窗体布局页面设计

2) 保存布局

由于 SuperMap Objects 5.3 提供了保存布局的接口,因此我们直接调用该接口即可。调用完毕后,根据保存布局成功与否,来进行相应提示操作。"保存布局"菜单项的 Click 事件响应代码如下。

```
private void menuSaveLayout_Click(object sender, EventArgs e)
{
    bool bSaved= this.SuperLayout1.SaveLayout();
    if (bSaved)
    {
        MessageBox.Show("保存布局成功","提示");
        return;
    }
    else
    {
        MessageBox.Show("保存布局失败","提示");
        return;
    }
}
```

3) 另存布局

与保存布局功能类似,我们可以通过调用 SuperMap Objects 5.3 提供的另存布局接口即可实现相应功能。由于需要指定另存布局的名称,因此需要单独设计一个窗体来输入新布局的名称。在该窗体中,调用 SaveLayoutAs 方法,根据所输入的新布局名称,来实现布局另存功能。具体实现流程如下。

"另存布局"菜单项的 Click 事件响应代码如下。

```
private void menuSaveLayoutAs_Click(object sender, EventArgs e)
{//调用另存布局窗体,输入新布局的名称
    this.frmSaveLayoutAs= new FormSaveLayoutAs(this);
    this.frmSaveLayoutAs.ShowDialog();
}
```

另存布局窗体类代码如下。

```
public partial class FormSaveLayoutAs : Form
    {
        Form1 mainfrm;
            public FormSaveLayoutAs(MyProject.Form1 frm)
            {
                InitializeComponent();
                mainfrm= frm;
            }
            private void cmdSaveAs_Click(object sender, EventArgs e)
            {
                if (this.txtSaveLayoutName.Text== "")
                {
                    MessageBox.Show("请输入要保存的布局名称","提示");
                    return;
                }
                string strLayoutName= txtSaveLayoutName.Text;
                //获取 Form1 中布局控件和工作空间管理器控件的引用
                AxSuperLayout SuperLayout= mainfrm.GetLayout;
                AxSuperWkspManager SuperWksManager= mainfrm.GetSuperWksManager;
                //另存布局
                bool bSaveAs= SuperLayout.SaveLayoutAs(strLayoutName, true);
                if (bSaveAs)
                {
                    MessageBox.Show("布局另存成功","提示");
                    SuperWksManager.Refresh();
                }
```

```
            else
            {
                MessageBox.Show("布局另存失败","提示");
                return;
            }
            this.Dispose();
        }
        private void cmdCancel_Click(object sender, EventArgs e)
        {
            this.Dispose();
        }
    }
```

4）删除布局

SuperMap Objects 5.3 中并没有直接提供删除布局接口，而是在 SuperWorkspace 控件提供了移除布局（Remove）接口，因此我们需要结合移除布局接口来实现删除布局功能。由于需要指定要删除布局的名称，为此需要单独设计一个窗体来输入待删除布局的名称。在该窗体中，获取工作空间的布局集合，并根据所输入待删除布局名称，将其从工作空间中移除。如果移除成功，则清除布局窗口中的所有元素，并刷新布局窗口和工作空间管理器窗口。如果移除不成功，则提示删除失败。具体实现流程如下。

"删除布局"菜单项的 Click 事件响应代码如下。

```
private void menuDeleteLayout_Click(object sender, EventArgs e)
{//调用删除布局窗体，输入要删除布局的名称
    this.frmDeleteLayout= new FormDeleteLayout(this);
    this.frmDeleteLayout.ShowDialog();
}
```

删除布局窗体类代码如下。

```
public partial class FormDeleteLayout:Form
{
    Form1 mainfrm;
    AxSuperMapLib.AxSuperWorkspace SuperWorkspace= null;
    AxSuperWkspManagerLib.AxSuperWkspManager SuperWksManager= null;
    AxSuperLayoutLib.AxSuperLayout SuperLayout= null;
    public FormDeleteLayout(MyProject.Form1 frm)
    {
        InitializeComponent();
        mainfrm= frm;
    }
```

第十二章　制图排版

```csharp
private void FrmDeleteLayout_Load(object sender, EventArgs e)
{
    this.SuperWorkspace=mainfrm.GetSuperWorkspace;
    this.SuperWksManager=mainfrm.GetSuperWksManager;
    this.SuperLayout=mainfrm.GetLayout;
    //获取主窗体中工作空间的布局集合
    soLayouts objLayouts=this.SuperWorkspace.Layouts;
    this.cboDeleteLayoutName.BeginUpdate();
    //将所有布局名称添加到Combombox中
    for (int iLayoutCount=1; iLayoutCount<=objLayouts.Count; iLayoutCount++)
    {
        string strLayoutName=objLayouts[iLayoutCount];
        this.cboDeleteLayoutName.Items.Add(strLayoutName);
    }
    this.cboDeleteLayoutName.EndUpdate();
    Marshal.ReleaseComObject(objLayouts);
    objLayouts=null;
}
private void cmdDelete_Click(object sender, EventArgs e)
{
    if (this.cboDeleteLayoutName.Text=="")
    {
        MessageBox.Show("请选择要删除的布局名称","提示");
        return;
    }
    string strLayoutName=this.cboDeleteLayoutName.Text;
    soLayouts objLayouts=this.SuperWorkspace.Layouts;
    //将指定布局从工作空间的布局集合中移除
    bool bDelete=objLayouts.Remove(strLayoutName);
    if (bDelete)
    {//若移除成功则删除布局窗口的所有布局元素,并刷新布局及工作空间管理器
        MessageBox.Show("删除布局成功","提示");
        soLytElements objLytElements=this.SuperLayout.Elements;
        objLytElements.RemoveAll();
        this.SuperLayout.Refresh();
        this.SuperWksManager.Refresh();
        Marshal.ReleaseComObject(objLytElements);
```

```
                objLytElements= null;
            }
            else
            {
                MessageBox.Show("删除布局失败","提示");
                return;
            }
            Marshal.ReleaseComObject(objLayouts);
            objLayouts= null;
            this.Dispose();
        }
        private void cmdCancel_Click(object sender, EventArgs e)
        {
            this.Dispose();
        }
```

3. 布局浏览功能实现

针对布局窗口的浏览功能实现起来较为简单，只需要设置布局控件的动作属性为相应操作即可。此外，在布局浏览过程中经常需要针对布局中的地图元素进行浏览操作，而在此之前需要先锁定当前选中的地图布局元素。锁定布局之后，则获取布局窗体中的地图元素，然后设置其地图动作为相应操作即可。各菜单项的具体实现代码如下。

```
private void menuSelectLyt_Click(object sender, EventArgs e)
{//选择布局
    this.SuperLayout1.LytAction= seLytActionType.sclytActSel;
}
private void menuZoomInLyt_Click(object sender, EventArgs e)
{//放大布局
    this.SuperLayout1.LytAction= seLytActionType.sclytActZoomIn;
}
private void menuZoomOutLyt_Click(object sender, EventArgs e)
{//缩小布局
    this.SuperLayout1.LytAction= seLytActionType.sclytActZoomOut;
}
private void menuPanLyt_Click(object sender, EventArgs e)
{//平移布局
    this.SuperLayout1.LytAction= seLytActionType.sclytActPalm;
}
```

```csharp
private void menuLockLyt_Click(object sender, EventArgs e)
{//锁定布局
    soLytSelection objLytSelect=SuperLayout1.Selection;
    soLytElement objLytElement=null;
    soLytMap objLytMap=null;
    if (objLytSelect.Count==1)
    {//获取布局中的地图元素
        objLytElement=objLytSelect.get_Item(1);
        if (objLytElement.Type==seLytObjType.sclytMap)
        {
            objLytMap=(soLytMap)objLytElement;
        }
        else
        {
            MessageBox.Show("请选中地图进行布局锁定","提示");
            return;
        }
    }
    if (this.menuLockLyt.Text=="布局锁定")
    {//设置布局浏览菜单项为不可用,地图浏览菜单为可用
        objLytMap.MapHold=true;
        this.menuLockLyt.Text="布局解锁";
        this.menuViewMapLyt.Enabled=true;
        this.menuZoomInLyt.Enabled=false;
        this.menuZoomOutLyt.Enabled=false;
        this.menuPanLyt.Enabled=false;
        SuperLayout1.Refresh();
    }
    else
    {//设置布局浏览菜单项为可用,地图浏览菜单为不可用
        objLytMap.MapHold=false;
        this.menuLockLyt.Text="布局锁定";
        this.menuViewMapLyt.Enabled=false;
        this.menuZoomInLyt.Enabled=true;
        this.menuZoomOutLyt.Enabled=true;
        this.menuPanLyt.Enabled=true;
        SuperLayout1.Refresh();
    }
```

```csharp
        Marshal.ReleaseComObject(objLytMap);
        objLytMap= null;
        Marshal.ReleaseComObject(objLytElement);
        objLytElement= null;
        Marshal.ReleaseComObject(objLytSelect);
        objLytSelect= null;
    }
    private void menuZoomInMapLyt_Click(object sender, EventArgs e)
    {//针对所选定的地图布局元素,进行放大操作
        soLytSelection objLytSelect= SuperLayout1.Selection;
        soLytElement objLytElement= objLytSelect.get_Item(1);
        soLytMap objLytMap= (soLytMap)objLytElement;
        objLytMap.MapAction= seMapActionType.scMapActZoomIn;
        Marshal.ReleaseComObject(objLytMap);
        objLytMap= null;
        Marshal.ReleaseComObject(objLytElement);
        objLytElement= null;
        Marshal.ReleaseComObject(objLytSelect);
        objLytSelect= null;
    }
    private void menuZoomOutMapLyt_Click(object sender, EventArgs e)
    {//针对所选定的地图布局元素,进行缩小操作
        soLytSelection objLytSelect= SuperLayout1.Selection;
        soLytElement objLytElement= objLytSelect.get_Item(1);
        soLytMap objLytMap= (soLytMap)objLytElement;
        objLytMap.MapAction= seMapActionType.scMapActZoomOut;
        Marshal.ReleaseComObject(objLytMap);
        objLytMap= null;
        Marshal.ReleaseComObject(objLytElement);
        objLytElement= null;
        Marshal.ReleaseComObject(objLytSelect);
        objLytSelect= null;
    }
    private void menuPanMapLyt_Click(object sender, EventArgs e)
    {//针对所选定的地图布局元素,进行平移操作
        soLytSelection objLytSelect= SuperLayout1.Selection;
        soLytElement objLytElement= objLytSelect.get_Item(1);
        soLytMap objLytMap= (soLytMap)objLytElement;
```

```
        objLytMap.MapAction=seMapActionType.scMapActPan;
        Marshal.ReleaseComObject(objLytMap);
        objLytMap=null;
        Marshal.ReleaseComObject(objLytElement);
        objLytElement=null;
        Marshal.ReleaseComObject(objLytSelect);
        objLytSelect=null;
}
```

4. 布局元素绘制功能实现

与布局浏览功能的实现类似,通过设置布局的动作属性即可实现绘制各类布局元素的功能。值得注意的是,只有选中了地图对象时,绘制图例、比例尺等布局元素以及锁定布局等菜单项功能才应该处于可用状态。具体实现代码如下。

```
private void SuperLayout1_SelectionChanged(object sender, EventArgs e)
{//当选中地图对象时,设置绘制图例、绘制比例尺及锁定布局等菜单项可用
    soLytSelection objLytSelect=SuperLayout1.Selection;
    if (objLytSelect.Count==1)
    {
        soLytElement objLytElement=objLytSelect.get_Item(1);
        if (objLytElement.Type==seLytObjType.sclytMap)
        {
            this.menuDrawLytLegend.Enabled=true;
            this.menuDrawLytScale.Enabled=true;
            this.menuLockLyt.Enabled=true;
        }
        Marshal.ReleaseComObject(objLytElement);
        objLytElement=null;
    }
    Marshal.ReleaseComObject(objLytSelect);
    objLytSelect=null;
}
private void menuDrawLytMap_Click(object sender, EventArgs e)
{//绘制地图
    this.SuperLayout1.LytAction=seLytActionType.sclytActMap;
}
private void menuDrawLytPoint_Click(object sender, EventArgs e)
{//绘制点
this.SuperLayout1.LytAction=seLytActionType.sclytActPoint;
```

```csharp
}
private void menuDrawLytLine_Click(object sender, EventArgs e)
{//绘制线
    this.SuperLayout1.LytAction= seLytActionType.sclytActPolyline;
}
private void menuDrawLytRegion_Click(object sender, EventArgs e)
{//绘制多边形
    this.SuperLayout1.LytAction= seLytActionType.sclytActPolygon;
}
private void menuDrawLytText_Click(object sender, EventArgs e)
{//绘制文本
    this.SuperLayout1.LytAction= seLytActionType.sclytActText;
}
private void menuDrawLytDirection_Click(object sender, EventArgs e)
{//绘制指北针
    this.SuperLayout1.LytAction= seLytActionType.sclytActDirection;
}
private void menuDrawLytLegend_Click(object sender, EventArgs e)
{//绘制图例
    this.SuperLayout1.LytAction= seLytActionType.sclytActLegend;
}
private void menuDrawLytScale_Click(object sender, EventArgs e)
{//绘制比例尺
    this.SuperLayout1.LytAction= seLytActionType.sclytActScale;
}
```

5. 布局输出功能实现

SuperMap Objects 中提供了较为完善的接口来实现布局输出。为了简化实验内容，我们设计了布局输出为位图、图片以及打印布局等 3 个功能。输出到位图功能实现较为简单，通过保存文件对话框组件设置位图文件所存放的位置、名称等参数，调用 SuperLayout 控件的 OutputToBMP 方法即可实现。输出到图片功能相对复杂一点。首先，通过输出为图片窗体，设置输出文件的范围以及输出文件名称。然后，根据所选择输出图片文件的类型，调用 SuperLayout 控件的 OutputToFile 或 OutputToFile2 方法即可实现按照实际布局大小和 A4 大小分幅输出布局到图片文件。打印布局功能最为简单，首先通过调用 SuperLayout 控件的 PrintSetup 方法来进行布局打印设置，然后通过 PrintLayout 方法实现布局的打印功能。实验功能的具体代码实现如下。

"输出为位图"菜单项的 Click 事件处理代码：

```csharp
private void menuOutputLytToBMP_Click(object sender, EventArgs e)
{//利用保存文件对话框实现输出布局到位图文件
    saveFileDialog1.Filter="位图文件(*.bmp)|*.bmp";
    DialogResult  dr=saveFileDialog1.ShowDialog();
    if (dr==DialogResult.OK)
    {
        SuperLayout1.OutputToBMP(saveFileDialog1.FileName, 200,true);
    }
}
```

"输出为图片"菜单项的 Click 事件处理代码：

```csharp
private void menuOutputLytToImage_Click(object sender, EventArgs e)
{//利用输出布局窗体实现输出布局到图片文件
    FormOutputLytToIMG frmOut= new FormOutputLytToIMG(this);
    frmOut.ShowDialog();
}
```

"输出为图片"窗体类（FormOutputLytToIMG）代码：

```csharp
public partial class FormOutputLytToIMG: Form
{
    Form1 mainFrm;
    public FormOutputLytToIMG(Form1 myForm)
    {
        InitializeComponent();
        mainFrm=myForm;
    }
    private void cmdCancel_Click(object sender, EventArgs e)
    {
        this.Dispose();
    }
    private void cmdOK_Click(object sender, EventArgs e)
    {
        if (txtFileName.Text!="")
        {//设置输出文件的类型
            seFileType fileType=seFileType.scfACAD;
            switch (saveFileDialog1.FilterIndex)
            {
                case 1:
                    fileType=seFileType.scfBMP;
                    break;
```

```
        case 2:
            fileType=seFileType.scfPNG;
            break;
        case 3:
            fileType=seFileType.scfJPG;
            break;
        case 4:
            fileType=seFileType.scfEMF;
            break;
        case 5:
            fileType=seFileType.scfWMF;
            break;
        default:
            break;
}
bool bout=false;
AxSuperLayoutLib.AxSuperLayout mainLayout=mainFrm.GetLayout;
if (rbLayoutSize.Checked)
{//按照实际布局大小输出
    bout=mainLayout.OutputToFile(txtFileName.Text, fileType);
}
else
{//按照A4分幅输出
    mainLayout.PageBreak=true;
    bout=mainLayout.OutputToFile2(txtFileName.Text, fileType);
}
if (bout!=true)
{
    MessageBox.Show("布局输出到文件失败。");
    return;
}
else
{
    MessageBox.Show("布局输出到文件成功。");
}
```

```
            }
        else
        {
            MessageBox.Show("没有设置输出文件名,请重新选择。");
            return;
        }
        this.Dispose();
    }
    private void FormOutputLytToIMG_Load(object sender, EventArgs e)
    {//设置"按照实际布局大小"单选按钮为选中状态
        rbLayoutSize.Checked= true;
    }
    private void btnbrowse_Click(object sender, EventArgs e)
    {//通过保存文件对话框,设置目标文件的文件名(包含路径)
        saveFileDialog1.Filter= "位图文件|*.bmp|PNG 文件|*.png|JPG 文件|*.jpg|EMF 文件|*.emf|WMF 文件|*.wmf";
        DialogResult dr= saveFileDialog1.ShowDialog();
        if (dr==DialogResult.OK)
        {
            txtFileName.Text= saveFileDialog1.FileName;
        }
    }
}
```

"打印布局"菜单项的 Click 事件处理代码:

```
private void menuPrintLayout_Click(object sender, EventArgs e)
{
    //打开布局打印设置对话框
    bool bPrintSet= SuperLayout1.PrintSetup();
    if (bPrintSet)//打印布局
        SuperLayout1.PrintLayout();
    else
        return;
}
```

启动调试、运行程序,测试实验所实现的布局操作、布局浏览、布局元素绘制以及布局输出等功能。具体操作流程限于篇幅,在此不做详细说明。

四、思考与扩展练习

(1)思考 SuperLayout 中地图元素和 SuperMap 中地图对象的关系,以及图例与地图元素的关系,并尝试比较 SuperMap Objects 的地图排版控件 SuperLayout 与其他组件式 GIS 软件的优缺点。

(2)事实上,本章所设计的地图排版程序功能还较为简单。请读者尝试分析实验所设计的排版工具还有哪些需要改进的方面,并制作完善。

第十三章 三维应用分析

一、实验目的

随着三维 GIS 技术的不断发展,三维应用分析在各个领域的应用越来越广泛。在地学分析中,可用于自动提取各种地形因子,制作地形剖面图和划分地表形态类型。在工程设计中,可用于各种线路的自动选线、水库大坝的选址,以及土方、库容和淹没损失的自动估算等。使用 SuperMap Objects,我们可以轻松地完成如下工作:①提供交互式空间数据可视化,包括矢量数据、卫星影像、航片、DEM、三维模型等;②一体化管理和浏览海量二维和三维空间数据,而无需做预处理;③多角度、全方位三维飞行模拟;④提供多种空间分析方法:通视分析、对比分析、剖面分析、坡度坡向、淹没分析、填挖方分析等。为此,本实验的主要目的就是使读者掌握利用 SuperMap Objects API 编程实现三维空间数据浏览、剖面分析、坡度分析等三维应用分析功能。

二、实验内容与知识点

1. 实验内容

(1)利用 SuperWorkspace、SuperMap、Super3D 等相关控件实现等三维浏览及三维飞行等三维可视化功能。

(2)利用 SuperWorkspace、SuperMap、Super3D 等控件实现坡度分析、剖面分析等三维应用分析功能。

2. 知识点

SuperMap Objects 提供了一系列接口用来完成三维 GIS 应用分析。接下来,针对本章实验内容所涉及的知识点进行讲解。与地图的浏览操作类似,想要完成诸如放大、缩小、平移、平移旋转等三维浏览操作,只需要将三维控件(Super3D)的动作设置为相应的三维操作常量即可。例如,实现三维场景的放大操作代码为:Super3D1. Action = se3DAction. sca3DZoomIn。值得注意的是,不能通过将 Super3D 控件的动作设置为相应的三维操作常量来实现恢复场景操作,而应该通过调用 RestoreScene 方法并刷新控件来实现将三维窗口中的三维模型恢复到初始显示状态。具体使用的示范代码为:

```
Super3D1.RestoreScene();
Super3D1.Refresh();
```

　　三维飞行功能的实现则相对复杂一些。首先,需要在地图窗口中利用跟踪图层,绘制飞行的路径以及设置飞行的高度。这部分功能需要在单独的窗体中进行设置。值得注意的是,在通过鼠标设置飞行的起止点时,应该在 SuperMap 控件的 MouseDownEvent 事件中利用 PixelToMapX、PixelToMapY 等方法将屏幕坐标转为地理坐标,才能正确地设定飞行路径。然后,根据所设定的飞行参数,利用定时器组件,在三维窗口中按照指定的路线进行实现飞行的模拟效果。当结束飞行时,停止定时器,并恢复三维场景。实现三维飞行的方法为 RouteFly,用来控制飞行开始或暂停的开关的方法是 SetFlyEnabled。可以通过设置 FlyLoopEnable 属性的值来控制是否进行循环飞行,默认设置为 false,即只飞行一次。上述两个方法的使用说明如下。

　　RouteFly 方法用来在三维窗口中按照指定的路线进行飞行模拟,即初始化关键帧,成功返回 True。其中,关键帧是指在三维表面上模拟飞行时,经过每个飞行路线上节点时的三维场景。飞行路线用一系列的三维点模拟,三维点的密度越大,模拟效果越精确,三维点高程的单位与数据集的单位相同,路线的设置决定最终的飞行模拟效果,其使用语法为:Boolean Super3D.RouteFly($obj3DPoints$ As soPoint3Ds, $dPeriod$ As Double),具体参数说明如表 13-1 所示。

表 13-1　RouteFly 方法的参数说明

参数	可选	类型	描述
$obj3DPoints$	必选	soPoint3Ds	三维点集,一系列的三维点构成一条三维空间中的折线,表示飞行的路线。单位与数据集的单位相同
$dPeriod$	必选	Double	飞行的时间,单位为毫秒

　　SetFlyEnabled 方法用来控制飞行开始或暂停的开关,其使用语法为:Super3D. SetFlyEnabled($bEnable$ As Boolean),具体参数说明如表 13-2 所示。

表 13-2　SetFlyEnabled 方法的参数说明

参数	可选	类型	描述
$bEnable$	必选	Boolean	控制是否飞行,默认为 True

　　想要实现坡度、坡向、剖面、填挖方以及视域分析等三维分析功能,可以通过调用 soSurfaceOperator 的接口来实现。soSurfaceOperator 是 SuperMap Objects 的栅格表面分析操作对象,其所具有的接口列表如表 13-3 所示。

表 13-3　栅格表面分析操作对象的接口列表

接口	说明
Area	计算栅格表面积
Aspect	计算栅格坡向
CalculateViewShed	计算可视域
CutFillEx	栅格填挖方计算
Distance	计算栅格表面距离。即求算剖面线长度
Hillshade	生成栅格晕渲图
Isoline	根据栅格数据提取等值线
IsolineByPoint	提取指定点所在的栅格值对应的等值线
IsolineByValue	提取指定高程值的等值线
IsoLineEx	根据给定的栅格数据集(Grid 或者 DEM 类型)提取等值线
IsoLineExByPoints	根据给定的点数据集通过插值提取等值线
IsoRegion	根据 Grid 或 DEM 数据,生成等值面
IsoRegionByValue	根据 Grid 或 DEM 数据,生成指定区间或指定值的等值面
IsVisible	判断地形表面上两点的通视性。返回 True,表示两点通视;否则表示两点不通视
OrthoImage	计算正射三维影像。返回正射三维影像数据集对象
Slope	计算坡度图
SurfaceProfile	计算剖面线,成功则返回剖面线对象
Volume	计算栅格体积

本实验中只设计了坡度计算、剖面及视域分析。因此,只针对所涉及的 Slope、SurfaceProfile 和 CalculateViewShed 等 3 个方法的使用进行说明。

Slope 方法用来计算坡度栅格,其使用语法为:soDatasetRaster soSurfaceOperator. Slope ($objGridDataset$ As soDatasetRaster,[$slopeType$ As seSlopeType],[$dZFactor$ As Double], [$objOutputsDatasource$ As soDataSource],[$strSlopeDatasetName$ As String]),具体参数说明如表 13-4 所示。

表 13-4　**Slope 方法的参数说明**

参数	可选	类型	描述
$objGridDataset$	必选	soDatasetRaster	要计算坡度的栅格数据集
[$slopeType$]	可选	seSlopeType	表示坡度的单位类型。角度、比降、弧度。默认为角度
[$dZFactor$]	可选	Double	Grid 中 Z 坐标相对于 X 和 Y 坐标的单位变换系数,通常在 X,Y,Z 都参加的计算中,为了调整其单位统一,需要设置一个 ZFactor,默认为 1

续表 13-4

参数	可选	类型	描述
[objOutputsDatasource]	可选	soDataSource	存储输出结果的数据源。如果不指定此参数，方法会把分析结果输出到栅格分析环境所设置的输出数据源中
[strSlopeDatasetName]	可选	String	结果坡度数据集名称。如果不指定此参数，方法会自动给结果数据指定一个名称

SurfaceProfile 方法用来计算剖面线，成功则返回剖面线对象。这里的剖面线是指平面上的折线在地形表面上的投影线，即剖面图表达的是给定线要素上每一点距起点的距离（作为横坐标）及其高程（作为纵坐标）构成的剖面线，其使用语法为：soGeoLine soSurfaceOperator. SurfaceProfile ($objGridDataset$ As soDatasetRaster, $objSectionLine$ As soGeoLine, [$dResampleDistance$ As Double])，具体参数说明如表 13-5 所示。

表 13-5　SurfaceProfile 方法的参数说明

参数	可选	类型	描述
$objGridDataset$	必选	soDatasetRaster	要计算剖面线的栅格数据集
$objSectionLine$	必选	soGeoLine	一条直线段或一条有若干段的折线。表示计算剖面线所经历的起止范围，也就是剖面线在平面上的投影线段
[$dResampleDistance$]	可选	Double	剖面线重采样容限。此参数尚未起作用

CalculateViewShed 方法用来计算可视域，其使用语法为：soDatasetRaster soSurfaceOperator. CalculateViewShed ($objGridDataset$ As soDatasetRaster, $objViewPoint$ As soPoint3D, [$dViewRadius$ As Double], [$objOutputsDatasource$ As soDataSource], [$strDatasetName$ As String])，具体参数说明如表 13-6 所示。

表 13-6　CalculateViewShed 方法的参数说明

参数	可选	类型	描述
$objGridDataset$	必选	soDatasetRaster	要计算可视域的栅格数据集
$objViewPoint$	必选	soPoint3D	观察点所在位置。观察点必须在分析范围内，其 Z 值必须大于所在点的栅格值
[$dViewRadius$]	可选	Double	最大可视域半径。如果此参数设置为小于或等于 0，表示不限制最大可视半径
[$objOutputsDatasource$]	可选	soDataSource	存储输出结果的数据源。如果不指定此参数，方法会把分析结果输出到栅格分析环境所设置的输出数据源中
[$strDatasetName$]	可选	String	结果可视域数据集名称。如果不指定此参数，方法会自动给结果数据指定一个名称

三、实验步骤

1. 应用程序界面设计

启动 Microsoft Visual Studio .NET 2010,打开第十二章实验所创建的 MyProject 解决方案,设计应用程序主界面,步骤简要说明如下。在菜单栏中增加"三维应用"菜单,在"三维应用"菜单下添加 3 个菜单项"三维浏览""三维飞行"和"三维分析"。"三维浏览"下增加 8 个子菜单项"放大""缩小""自由缩放""平移""平移旋转""绕横轴旋转""绕纵轴旋转"和"恢复场景"。"三维飞行"下增加 3 个子菜单项"设置飞行路径""开始飞行"和"结束飞行"。"三维分析"下增加 3 个子菜单项"坡度分析""视域分析"和"剖面分析"。菜单栏具体设计界面如图 13-1 所示。

图 13-1　三维应用菜单栏设计

飞行路径设置窗体的界面设计如图 13-2 所示。

图 13-2 飞行路径设置窗体的设计界面

坡度分析窗体的界面设计如图 13-3 所示。

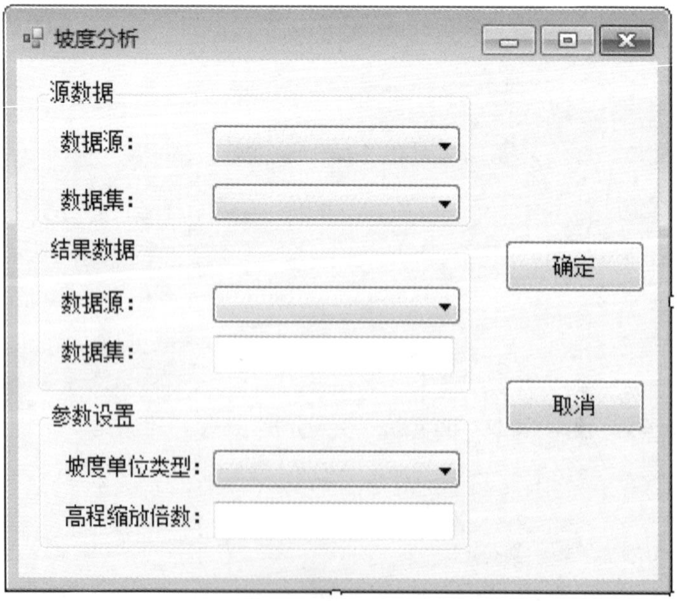

图 13-3 坡度分析窗体的设计界面

视域分析窗体的界面设计如图 13-4 所示。

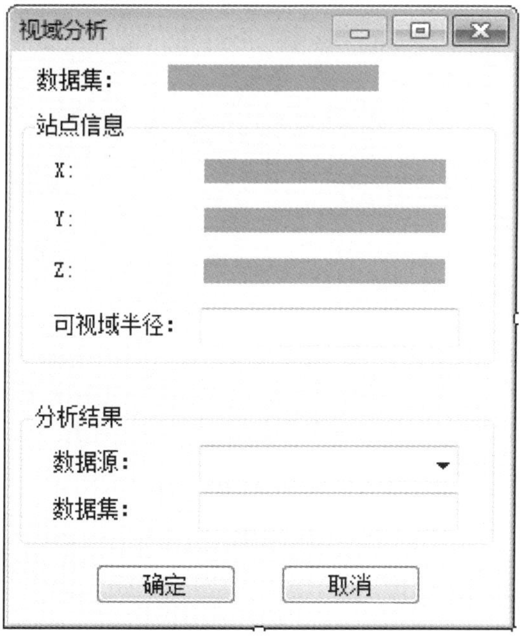

图 13-4　视域分析窗体的设计界面

2. 三维浏览功能实现

如前文知识点所述,三维浏览功能的实现较为简单,除了恢复场景功能需要调用接口以外,其余浏览操作只需要将三维控件(Super3D)的动作设置为相应的三维操作常量即可。具体功能实现如下。

```
private void menu3DZoomIn_Click(object sender, EventArgs e)
{//放大
    this.Super3D1.Action= se3DAction.sca3DZoomIn;
}
private void menu3DZoomOut_Click(object sender, EventArgs e)
{//缩小
    this.Super3D1.Action= se3DAction.sca3DZoomOut;
}
private void menu3DZoomFree_Click(object sender, EventArgs e)
{//自由缩放
    this.Super3D1.Action= se3DAction.sca3DZoomFree;
}
private void menu3DPan_Click(object sender, EventArgs e)
{//平移
```

```
        this.Super3D1.Action= se3DAction.sca3DPan;
}
private void menu3DPanRotate_Click(object sender, EventArgs e)
{//平移旋转
        this.Super3D1.Action= se3DAction.sca3DPanRotate;
}
private void menuRotateX_Click(object sender, EventArgs e)
{//绕横轴旋转
        this.Super3D1.Action= se3DAction.sca3DRotateX;
}
private void menuRotateZ_Click(object sender, EventArgs e)
{//绕纵轴旋转
        this.Super3D1.Action= se3DAction.sca3DRotateZ;
}
private void menuRestoreScence_Click(object sender, EventArgs e)
{//恢复三维场景
        this.Super3D1.RestoreScene();
        this.Super3D1.Refresh();
}
```

3. 三维飞行功能实现

实现三维飞行功能，首先需要设定飞行路径和飞行高度。执行"设置飞行路径"菜单项，在弹出的 Form3DPath 窗体中，通过鼠标点选设置飞行的路径，在文本框中输入飞行高度，点击"保存路径"，则飞行路径设定成功。

"设定飞行路径"菜单项的处理代码为：

```
private void menuSetFlyPath_Click(object sender, EventArgs e)
{//显示飞行路径设定窗体
        Form3DPath frmPath= new Form3DPath(this);
        frmPath.ShowDialog();
}
```

"设定飞行路径"窗体（Form3DPath）的代码为：

```
public partial class Form3DPath : Form
{
        AxSuperMapLib.AxSuperWorkspace SuperWorkspace= null;
        soPoint3Ds objFlyPts= null;//模拟飞行路径所对应的三维点集合
        soGeoLine objFlyPath= null;//代表飞行路径的线对象
        public Form3DPath(MyProject.Form1 frm)
```

第十三章 三维应用分析

```csharp
        {
            InitializeComponent();
            mainfrm=frm;
        }
        private void FrmPath_Load(object sender, EventArgs e)
        {
            this.SuperWorkspace=mainfrm.GetSuperWorkspace;
            object objHandle=this.SuperWorkspace.ObjectHandle;
            this.SuperMap1.Connect(objHandle);
            Marshal.ReleaseComObject(objHandle);
            objHandle=null;
            //获取三维图层集合
            so3DLayers obj3DLys=mainfrm.GetSuper3D.Layer3Ds;
            //获取第一个三维图层
            so3DLayer obj3DLy=obj3DLys[1];
            soDataset objDt=obj3DLy.Dataset;
            soLayers objLys=this.SuperMap1.Layers;
            //将三维图层的数据集添加到地图窗口以显示
            soLayer objLy=objLys.AddDataset(objDt, true);
            this.SuperMap1.ViewEntire();
            this.SuperMap1.Refresh();
            Marshal.ReleaseComObject(objLy);
            objLy=null;
            Marshal.ReleaseComObject(objLys);
            objLys=null;
            Marshal.ReleaseComObject(objDt);
            objDt=null;
            Marshal.ReleaseComObject(obj3DLy);
            obj3DLy=null;
            Marshal.ReleaseComObject(obj3DLys);
            obj3DLys=null;
        }
        private void cmdSavePath_Click(object sender, EventArgs e)
        {
            //确保飞行路线已绘制
            if (this.objFlyPath==null)
            {
```

```csharp
            MessageBox.Show("请绘制飞行路线","提示");
            return;
        }
        //确保飞行高度已输入
        if (txtFlyHeight.Text=="")
        {
            MessageBox.Show("请输入飞行高度","提示");
            return;
        }
        mainfrm.menuStartFly.Enabled=true;
        //获取飞行路线的第一个子对象,成功则返回表示二维线子对象的点串
        soPoints objPts=this.objFlyPath.GetPartAt(1);
        double dZ=Convert.ToDouble(txtFlyHeight.Text);
        this.objFlyPts=new soPoint3Ds();
        //利用循环遍历点串中所有的三维点,并读取其 X、Y、Z 坐标值,
        //据此生成新的三维点对象,添加到模拟飞行路径的点集合中
        for (int iPtCount=1; iPtCount<=objPts.Count; iPtCount++)
        {
            soPoint objPt=objPts[iPtCount];
            soPoint3D objPt3D=new soPoint3D();
            objPt3D.x=objPt.x;
            objPt3D.y=objPt.y;
            objPt3D.z=dZ;
            this.objFlyPts.Add(objPt3D);
            Marshal.ReleaseComObject(objPt3D);
            objPt3D=null;
            Marshal.ReleaseComObject(objPt);
            objPt=null;
        }
        //保存所绘制的飞行路径到主窗体中的对象
        mainfrm.gobjFlyLine=this.objFlyPts;
        this.SuperMap1.Disconnect();
        this.Dispose();
}
private void cmdDrawPath_Click(object sender, EventArgs e)
{//利用跟踪层上绘制折线动作来模拟飞行路线绘制
    this.SuperMap1.Action= seAction.scaTrackPolyline;
```

```csharp
    }
    private void SuperMap1_Tracked(object sender, EventArgs e)
    {
        //获取在跟踪层上所绘制的折线
        soGeometry objTrackGeo= this.SuperMap1.TrackedGeometry;
        this.objFlyPath= (soGeoLine)objTrackGeo;
        soStyle objStyle= new soStyle();
        objStyle.PenColor= (uint)ColorTranslator.ToOle(Color.Red);
        objStyle.PenWidth= 6;
        //将该折线以特定风格显示在跟踪层上
        soTrackingLayer objTrackingLayer= this.SuperMap1.TrackingLayer;
        objTrackingLayer.ClearEvents();
        objTrackingLayer.AddEvent(objTrackGeo, objStyle,"");
        objTrackingLayer.Refresh();
        this.cmdRemovePath.Enabled= true;
        this.cmdSavePath.Enabled= true;
        Marshal.ReleaseComObject(objStyle);
        objStyle= null;
        Marshal.ReleaseComObject(objTrackingLayer);
        objTrackingLayer= null;
    }
    private void cmdRemovePath_Click(object sender, EventArgs e)
    {//移除所绘制的飞行路线
        soTrackingLayer objTrackingLayer= this.SuperMap1.TrackingLayer;
        objTrackingLayer.ClearEvents();
        objTrackingLayer.Refresh();
        this.objFlyPath= null;
        this.objFlyPts= null;
        this.cmdRemovePath.Enabled= false;
        Marshal.ReleaseComObject(objTrackingLayer);
        objTrackingLayer= null;
    }
    private void cmdCancel_Click(object sender, EventArgs e)
    {
        this.SuperMap1.Disconnect();
        this.Dispose();
    }
}
```

4. 三维分析功能实现

(1)针对坡度分析而言,首先需要在坡度计算窗体中设置待分析的源数据、目标数据、坡度单位类型以及高程缩放倍数等参数。然后调用表面分析对象(soSurfaceOperator)的坡度计算方法(Slope)即可实现针对特定栅格数据的坡度计算。

"坡度分析"菜单项的 Click 事件处理代码：

```
private void menuSlopeAnalysis_Click(object sender, EventArgs e)
{//显示坡度计算窗体
    FormSlope femtemp= new FormSlope(this);
    femtemp.ShowDialog();
}
```

坡度分析设置窗体类(FormSlope)的代码：

```
public partial class FormSlope : Form
    {
        public FormSlope(MyProject.Form1 frm)
        {
            InitializeComponent();
            mainfrm= frm;
        }
        private void frmslope_Load(object sender, EventArgs e)
        {
            Init();//调用初始化方法
        }
        private void Init()
        {//初始化相关控件
            soDataSources objDss;
            soDataSource objDs;
            int i;
            objDss= mainfrm.SuperWorkspace1.Datasources;
            for (i=1; i<=objDss.Count; i++)
            {
                objDs= objDss[i];
                cbosourceds.Items.Add(objDs.Alias);
                cboresultds.Items.Add(objDs.Alias);
                Marshal.ReleaseComObject(objDs);
                objDs= null;
            }
```

```
        cbotype.Items.Add("角度");
        cbotype.Items.Add("弧度");
        cbotype.Items.Add("正切");
        txtdzfactor.Text="1.0";
        txtresultdtname.Text="RasterResult";
        Marshal.ReleaseComObject(objDss);
        objDss=null;
    }
    private void cbosourceds_SelectedIndexChanged(object sender, EventArgs e)
    {//选择不同的数据源时,更新显示数据源中所保存的数据集列表
        soDataSources objdss;
        soDataSource objds;
        soDatasets objdts;
        soDataset objdt;
        int j;
        objdss=mainfrm.SuperWorkspace1.Datasources;
        objds=objdss[cbosourceds.Text];
        objdts=objds.Datasets;
        for (j=1; j<=objdts.Count; j++)
        {
            objdt=objdts[j];
            if (objdt.Type==seDatasetType.scdDEM ||objdt.Type==seDatasetType.scdGrid)
            {
                cbosourcedt.Items.Add(objdt.Name);
            }
            Marshal.ReleaseComObject(objdt);
            objdt=null;
        }
        Marshal.ReleaseComObject(objdss);
        objdss=null;
        Marshal.ReleaseComObject(objds);
        objds=null;
        Marshal.ReleaseComObject(objdts);
        objdts=null;
    }
    private void cmdOK_Click(object sender, EventArgs e)
```

```
{
    //定义栅格三维及表面分析对象
    soSurfaceAnalyst objSurfaceAna;
    soSurfaceOperator objSurfaceOper;
    //定义坡度分析的源数据和目标数据
    soDataset objSourceDt;
    soDatasetRaster objResutRasterDt;
    soDatasetRaster objSourceRasterDt;
    soDataSources objDss;
    soDataSource objDs;
    soDataSource objOutputsDatasource;
    soDatasets objdts;
    string strDtName;//结果数据集变量
    double dZfactor;//高程缩放因子变量
    //坡度分析的坡度类型变量,默认值为角度
    seSlopeType nSlopetpye= seSlopeType.sctDegree;
    strDtName= txtresultdtname.Text;
    //确保数据集名称不为空
    if (strDtName=="")
    {
        MessageBox.Show("请输入数据集的名称!","提示");
        txtresultdtname.Focus();
        return;
    }
    else
    {
        //获取用于分析的栅格数据源对象
        objDss=mainfrm.SuperWorkspace1.Datasources;
        objDs= objDss[cbosourceds.Text];
        if (objDs==null) return;
        objdts= objDs.Datasets;
        //判断数据集名称是否可用
        if (objDs.IsAvailableDatasetName(strDtName))
        {
            //获取用于分析的栅格数据集
            objSurfaceAna= mainfrm.SuperAnalyst1.SurfaceAnalyst;
            objSurfaceOper= objSurfaceAna.Surface;
```

```
objSourceDt=objdts[cbosourcedt.Text];
objSourceRasterDt=(soDatasetRaster)objSourceDt;
if (objSourceRasterDt==null) return;
dZfactor=Convert.ToDouble(txtdzfactor.Text);
switch (cbotype.Text)//设置不同的坡度单位类型
{
    case "角度":
        nSlopetpye=seSlopeType.sctDegree;
        break;
    case "弧度":
        nSlopetpye=seSlopeType.sctRadian;
        break;
    case "正切":
        nSlopetpye=seSlopeType.sctPercent;
        break;
}
//获取保存分析结果的目标数据源
objOutputsDatasource=objDss[cboresultds.Text];
//执行坡度计算,并提示计算成功与否
    objResutRasterDt= objSurfaceOper.Slope (objSourceRasterDt,
nSlopetpye, dZfactor, objOutputsDatasource, strDtName);
if (objResutRasterDt==null)
{
    MessageBox.Show("生成坡度图失败!","提示");
    return;
}
else
{
    MessageBox.Show("生成坡度图成功!","提示");
    mainfrm.SuperWkspManager1.Refresh();
}
//释放COM对象所占用的资源
Marshal.ReleaseComObject(objSurfaceAna);
objSurfaceAna=null;
Marshal.ReleaseComObject(objSurfaceOper);
objSurfaceOper=null;
Marshal.ReleaseComObject(objSourceRasterDt);
```

```csharp
            objSourceRasterDt = null;
            Marshal.ReleaseComObject(objSourceDt);
            objSourceDt = null;
            Marshal.ReleaseComObject(objResutRasterDt);
            objResutRasterDt = null;
            Marshal.ReleaseComObject(objOutputsDatasource);
            objOutputsDatasource = null;
        }
        else
        {
            MessageBox.Show("数据集命名非法!", "提示");
            txtresultdtname.Focus();
            return;
        }
        Marshal.ReleaseComObject(objDss);
        objDss = null;
        Marshal.ReleaseComObject(objDs);
        objDs = null;
        Marshal.ReleaseComObject(objdts);
        objdts = null;
    }
    this.Close();
}
private void cmdcancle_Click(object sender, EventArgs e)
{
    this.Dispose();
}
```

(2)对于剖面分析和视域分析两个功能实现,两者的处理流程较为类似,首先都需要设置地图动作为在跟踪图层上绘制几何对象,然后在 Supermap1 控件的 Tracked 事件中新增一个 else if 分支,用来实现三维应用分析操作,因此在此合并起来进行讲解。当然,为了区分三维应用分析与以往实验内容在 Tracked 事件中所实现的代码,我们需要在 Form1 中定义一个布尔变量 Analysis3D。

针对剖面分析,首先需要设置地图动作为在跟踪图层上绘制一条线段折线,然后,当线段绘制完毕后,在 Supermap1 控件的 Tracked 事件中,获取待进行剖面分析的栅格数据集,调用

第十三章 三维应用分析

栅格表面分析对象(soSurfaceOperator)的 SurfaceProfile 方法进行剖面线计算,并在跟踪图层上显示计算结果。

针对视域分析,首先需要设置地图动作为在跟踪图层上绘制一个点作为视域分析点。然后,当点对象绘制完毕后,在 Supermap1 控件的 Tracked 事件中,调用视域分析参数设置窗体,在该窗体中设置进行视域分析的栅格数据集、站点信息(X、Y、Z)、可视域半径以及分析结果保存的数据源和数据集名称等信息。最后,调用栅格表面分析对象(soSurfaceOperator)的 CalculateViewShed 方法进行视域分析,并刷新工作空间管理器以便显示视域分析结果。具体实现情况如下。

"剖面分析"菜单项的 Click 事件处理代码:

```
private void menuSurfaceAnalysis_Click(object sender, EventArgs e)
{
    Analysis3D= true;
    gintActon= 2;
    if ((MessageBox.Show("请在地图上画一条线进行分析","提示",
    MessageBoxButtons.OKCancel)==DialogResult.OK))
    {
        SuperMap1.Action= seAction.scaTrackPolyline;
    }
    else
    {
        return;
    }
}
```

"视域分析"菜单项的 Click 事件处理代码:

```
private void menuViewShedAnalysis_Click(object sender, EventArgs e)
{
    Analysis3D= true;
    gintActon= 1;
    if ((MessageBox.Show("请在地图上点击进行分析","提示",
    MessageBoxButtons.OKCancel)==DialogResult.OK))
    {
        SuperMap1.Action= seAction.scaTrackPoint;
    }
}
```

在 SuperMap1 的 Tracked 事件中新增 else if 分支:

```csharp
else if (Analysis3D==true)//三维应用分析
    {
        soGeometry objGeoTrack;
        soTrackingLayer objTrackLy;
        soGeoLine objGeoline= new soGeoLine();
        soGeoLine objAnalystLine;
        soSurfaceAnalyst objSurfaceAna;
        soSurfaceOperator objSurfaceOper;
        soDataset objGridDt;
        soDatasetRaster objGridDtr;
        soLayers objlys;
        soLayer objly;
        //获取跟踪图层上所绘制的几何对象
        objTrackLy= SuperMap1.TrackingLayer;
        objGeoTrack= SuperMap1.TrackedGeometry;
        if (objGeoTrack==null)
        {
            return;
        }
        else
        {
            switch (gintActon)
            {
                case 1:
                    //显示视域分析窗体
                    FormCalculateviewshed frmtemp= new FormCalculateviewshed(this);
                    frmtemp.ShowDialog();
                    break;
                case 2:
                    //获取用来剖面分析的线对象
                    objAnalystLine= (soGeoLine)objGeoTrack;
                    //获取栅格表面分析对象
                    objSurfaceAna= SuperAnalyst1.SurfaceAnalyst;
                    objSurfaceOper= objSurfaceAna.Surface;
                    //获取待进行剖面分析的栅格数据集
                    objlys= SuperMap1.Layers;
                    objly= objlys[1];
```

第十三章 三维应用分析

```
                objGridDt= objly.Dataset;
                objGridDtr= (soDatasetRaster)objGridDt;
                if (objGridDt!=null)
                {
                    //执行剖面分析操作,并在跟踪图层上显示结果
                    objGeoline= objSurfaceOper.SurfaceProfile(objGridDtr,
objAnalystLine, 0);
                    if (objGeoline!=null)
                    {
                        objTrackLy.ClearEvents();
                        objTrackLy.AddEvent((soGeometry)objGeoline, null, "");
                        objTrackLy.Refresh();
SuperMap1.EnsureVisibleGeometry((soGeometry)objGeoline, 1);
                        SuperMap1.Refresh();
                    }
                    else
                    {
                        MessageBox.Show("得到剖面线失败","提示");
                        return;
                    }
                    Marshal.ReleaseComObject(objGeoline);
                    objGeoline=null;
                }
                else
                {
                    return;
                }
                Marshal.ReleaseComObject(objGridDt);
                objGridDt=null;
                Marshal.ReleaseComObject(objlys);
                objlys=null;
                Marshal.ReleaseComObject(objly);
                objly=null;
                Marshal.ReleaseComObject(objSurfaceOper);
                objSurfaceOper=null;
                Marshal.ReleaseComObject(objSurfaceAna);
                objSurfaceAna=null;
```

```
                Marshal.ReleaseComObject(objAnalystLine);
                objAnalystLine= null;
                break;
            }
            Marshal.ReleaseComObject(objGeoTrack);
            objGeoTrack= null;
            Marshal.ReleaseComObject(objTrackLy);
            objTrackLy= null;
        }
    }
```

启动调试、运行程序,测试实验所实现的三维浏览、飞行与分析功能。具体操作流程限于篇幅,在此不做详细说明。

四、思考与扩展练习

(1)三维地理数据分析是 GIS 空间分析的重要组成部分之一,也是当前 GIS 技术与应用的研究热点领域,在各个行业领域都存在多种应用场景。请读者认真思考三维应用分析和基于矢量数据的空间分析的区别。

(2)此外,本章实验内容仅示范了如何进行简单的三维数据浏览及坡度、剖面和视域分析等 3 种表面分析操作。请读者选取一个栅格数据集,利用 SuperMap Objects 编程实现各种三维应用分析的应用功能。

主要参考文献

［1］ 邬伦,等.地理信息系统:原理、方法和应用[M].北京:科学出版社,2001.

［2］ 钟耳顺,宋关福.GIS 组件化与组件式 GIS 研究[C].中国地理信息系统协会中国海外地理信息系统协会 98 学术年会,1998.

［3］ 周晓峰,王志坚.分布式计算技术综述[J].计算机时代,2004(12):3-5.

［4］ 百度百科.分布式计算[EB/OL].https://baike.baidu.com/item/分布式计算/85448,20180911.

［5］ 黄刚,赵校.B/S 和 C/S 模式在 MIS 中的比较[J].铁路计算机应用,2004(4):50-51.

［6］ 赵丰,赵端正.基于 B/S、C/S 集成模式应用软件的开发研究[J].中国科技信息,2006(18):171-173.

［7］ 蔡长安,王盈瑛.C/S 和 B/S 的模式的比较和选择[J].渭南师范学院学报,2006(2):47-50.

［8］ 宋关福,钟耳顺.组件式地理信息系统研究与开发[J].中国图象图形学报,1998(4):53-57.

［9］ 百度百科.CORBA[EB/OL].https://baike.baidu.com/item/CORBA/2776997,20180827.

［10］ 徐冠华.发展地理信息系统产业[J].中国测绘,1998(1):8-12.

［11］ 北京超图软件股份有限公司.理解组件式开发平台 SuperMap Objects[EB/OL].北京超图软件股份有限公司,2008.

［12］ 北京超图软件股份有限公司.SuperMap Objects 开发教程(初级篇)[EB/OL].北京超图软件股份有限公司,2008.

［13］ 北京超图软件股份有限公司.SuperMap Objects 开发教程(中级篇)[EB/OL].北京超图软件股份有限公司,2008.

［14］ 北京超图软件股份有限公司.SuperMap Objects 联机帮助[EB/OL].北京超图软件股份有限公司,2008.